◆はじめに◆

　生活科の授業や準備で、こんな声をよく聞きました。3年生からでも役立つ、やさしい理科の中味を扱ってみたい。でも、何を扱っていいかわからない。生活科で理科工作を計画したら、生活科の中味にするように言われてしまった。どうしたらよいでしょう。

　低学年の子どもたちは、身近な生物を見つけたり、道具の使い方を身に付けたりしながら工作したり、将来に役立つことを経験したりしていきます。子どもたちは、本物の自然やモノや道具がもつ魅力にいち早く気が付き大好きです。私たちが、自然やモノと出会う機会を十分に用意できれば、子どもたち同士で学び合い刺激し合い、たくましく成長し、自信をつけていきます。そんな実例が、この本から読みとっていただけるでしょう。

　低学年の子どもたちにこそ、地域で得られる豊かな物や自然に出会う機会を用意したいものです。子どもを引きつけてしまう自然・教材を見つけ出す楽しさをどうぞ。

　本書中、各授業の学年表示は、目安です。子どもたちの実情に合わせて実践に生かしてください。

　この本に紹介した授業は、子どもたちがつい夢中になってしまう教材や、授業の工夫によって、子どもたちが身近にいる生物やありふれたモノの性質やふるまいに気づいたりする様子を紹介しています。その気づきや発見を、そのままにせず、書いて記録することを大事にします。1人の発見が仲間たちに伝わっていき、書く力もついていく様子、発見が発見をよぶ効果をみることもできます。

　教科書の通りに授業をすすめているけど、もっと子どもを夢中にさせたいとか、子どもたちがわかって喜ぶ姿を見たいと感じる先生が、私たちの近くにとてもたくさんいます。

　原因は、先生でも子どもたちでもありません。

　いろいろな事情から教科書の内容や順序に、「大事なこと」が抜けているからです。

・植物や虫の観察の授業で、「大事なこと」って何でしょう？

・工作やものづくりで、「大事なこと」って何でしょう？

　大事ことを整理せず、教え方の工夫だけをしても、学びの深まりが無いため、子どもたちはすぐに飽きてしまいます。学んで驚き身につく「大切な内容」を選び出しながら、授業を一緒に工夫してみませんか。

　この本がそんな工夫の第一歩なれたら幸いです。

　授業や準備で困った時、よければ後記の「メルアド」へどうぞお気軽に。

佐久間　徹

目　次

編集担当：佐久間 徹

はじめに

1.　自然のおたより〜はじめの一歩〜　　　　　　　　　　大塚 静恵…01

2.　ダンゴムシの観察を楽しむ　　　　　　　　　　　　　黒澤 知子…06

3.　タンポポしらべ　　　　　　　　　　　　　　　　　　山﨑 美穂子…11

4.　たねをあつめよう　　　　　　　　　　　　　　　　　小林 浩枝…16

5.　冬を見つけよう〜冬芽の観察〜　　　　　　　　　　　市川 政子…21

6.　口の中を探検しよう（歯の学習）　　　　　　　　　　栗城 有子…26

7.　ぼくのからだ、わたしのからだ〜子どもたちは知りたがっている〜　高橋 真由美…31

8.　空気さがし〜見えないけどちゃんとある！〜　　　　　江原 良…38

9.　あまい水・からい水を作ろう　　　　　　　　　　　　遠山 晶子…44

10.　鉄みつけたよ〜磁石につけば鉄〜　　　　　　　　　　野末 淳…49

11.　よく回る手作りごまを作ろう　　　　　　　　　　　　山﨑 美穂子…54

12.　音を出してみよう　　　　　　　　　　　　　　　　　小林 浩枝…59

13.　おもりで動くおもちゃを作ろう　　　　　　　　　　　星名 美登里…64

　　※コラム　糸結びは、竹フォークで代用も！　　　　　佐久間 徹…70

おわりに

自然のおたより（1年生）

〜はじめの一歩〜

東京・元北区立東十条小学校

大塚 静恵

はじめに

　4年前に1年生を持ったときは、東京北区の中でも自然に恵まれた地域でした。

　そこで1年生とたくさんの自然を見つけることができました。自然の中から子どもたちは友だち同士のかかわりを発見し、言葉を獲得し、自然とのかかわり方を生き生きと体験してくれました。

　異動した学校では、5年生を担任しました。5月になり、植木鉢のミカンの葉にアゲハチョウの幼虫がたくさんついていました。ところが、私が喜んで教室に持って行き置いておいた次の朝、動き回る幼虫に、5年生たちは泣いたり騒いだりの大騒動になりました。

　「3年生までに生き物（昆虫など）とのかかわりを持たないと、自然なかかわりを持つことができなくなる」

とは聞いたことがありましたが、それを目の当たりにして驚くとともに、低学年生活科の意義を考え直す必要を感じました。

　今の勤務校は、街中の学校です。コンクリートジャングルという言葉がぴったりです。その中で今担任している1年生の子どもたちがどんな自然を見つけてくるか、その見つけてきた発見を通して、どう友だちとかかわり、言葉を獲得していくか楽しみでした。

1　いつ、自然見つけを始めるか

　いつ、どう自然見つけを始めていくかが、第一のポイントでした。学校生活の中で無理なく始める時期とやり方を考え、入学後3週目に生活科の授業で「校庭の春見つけ」をやることにしました。その時、校庭で見つけたことを発表しました。

　次の週に私が見つけたタンポポを紹介して「自然見つけ」の発表が始まりました。

　最初の日の発表は、次のようなものでした。

·····················だんごむしはかせ·····················

　あそんでいるとき、だんごむしがいっぱいいるところをさがしたら、いっぱいいたのでとってきました。
　　　　　　　　　　　　　　　　　　（ゆう）

ゆうき	どこでみつけたの。
ゆう	うちのちかく。
ゆき	だんごむしさがすのどうしてじょうずなの。
ゆう	ほいくえんのとき、みつけるのがじょうずで、みんなにだんごむしはかせっていわれてたの。
あいか	なんびきぐらいいるの。
ゆう	あわせて20ぴきぐらいかな。
ひろき	しんでるのいる。
ゆう	いない。

　私が、「何か聞きたいことありますか」と言うと子どもたちの方で次々質問が出てきたのには驚きでした。その後の発表でも同じようなことがありました。

《ダンゴムシ》

[連休の後で]

············たけのこをみつけた············

かわごえのいなかのはやしみたいなところに
たけのこがありました。　　　　（けんせい）

けいすけ	どこでとったの。
けんせい	かわごえのいなかのもりみたいなところ。
しょう	じぶんでとったの。
けんせい	ちがう、おぼうさんがとってくれたの。
たかひろ	なんでそれだけきれいなの。
けんせい	かわをむいたから。
しゅうた	なんでぬいたの。
けんせい	はえてきたのをちょんときった。
ひろき	たけのことったのは、うちのちかく。
けんせい	ちがう、とおいよ。でんしゃにのっていく。
けんゆう	わさびみたいだね。
あやみ	どんなにおいがするの。
わたし	みんなにまわして、においをかいでみてごらん。

············あげはのようちゅうがいた············

あげはのようちゅうがいます。はっぱのうえ
にいます。ちっちゃいのでみえません。（ゆう）

しょう	さわったらどんなかんじ。
ゆう	さわってない。
しょう	さわったら、きいろいつのだすんだよ。
ゆう	きいろいつのだすのは、おこっているしょうこだよ。
わたし	みんなよくしってるね。
りお	どこにいたの。
ゆう	うちのちかく。
あかり	なんのはっぱたべるの。
ゆう	みかんのは。
れな	かれたはっぱもたべるよ。
ゆう	たべないよ。

れな	だってようちえんのとき、かれたはっぱたべていたよ。
ゆう	まえにかれたはっぱたべてしんじゃったんだもの。
ゆきほ	なにのむの。
ゆう	のまない。
わたし	みずものまないの。
ゆう	みずきらいなんだよ。
わたし	あめのときは、どうするの。
ひろき	あめきらいだから、はっぱのしたにかくれるんだよ。かさのかわりにね。

子どもたちの持ってくる色々な生き物につい
て、見るだけではなく、匂いや触った感じなど
五感を通してわかる質問がさまざまに出てきま
した。また、自分の持っている経験から類推し
ながら考えて話すことができていました。

2　継続して発表していく

5月下旬、カタツムリを学校で見つけた子ど
もがいました。家で飼い、餌や雌雄の別、交尾、
産卵などを継続して観察発表しました。

············かたつむり①············

こうていのいけのおくのほうでみつけました。
かたつむりはちいさかったです。　　（しょう）

みずほ	どういうふうにいたの。
しょう	かおとかがからからでていた。
けいすけ	どうやってみつけたの。
しょう	いけのおくにいったらあった。

············かたつむり②············

きのうかたつむりをもってかえったら、おか
あさんがつちをいれて、ゆうがたかたつむりの
えさをいれてくれた。きゅうりとれたすのはっ
ぱみたいのをいれてくれた。あさ、またかたつ
むりをみつけたからもってきた。　　（しょう）

まこと	なんびきいるの。
しょう	2ひき、おなじところにいた。
ひろき	なにをたべるの。
しょう	わからない。
しゅんき	（きゅうりの）なかのへんたべるんだよ。
けんゆう	2ひきめのかおなかにいるの。
しょう	わからない。

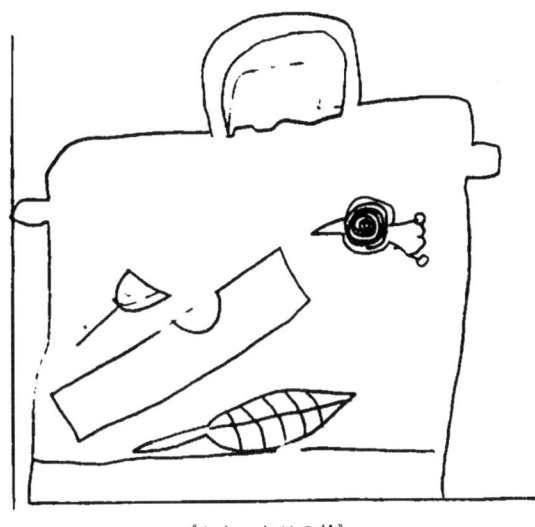

《かたつむりの絵》

·····················かたつむり③·····················

かたつむりをもってきました。かたつむりは、おすめすかんけいなくて、くちのちかくにさしこんで、たまごをうみます。このずかんにかいてありました。　　　　　　　（しょう）

わたし	おすめすかんけいないの。
しょう	そうだよ。おすめすいっしょなの。

（その日の発表では、ダンゴムシのオスメスについて話し合いがありましたが、子どもたちは何のことだかわからず、質問も出ませんでした。）

·····················かたつむり④·····················

かたつむりのかごのなかに、たまごのからをちいさくしていれてもってきました。たべたかわかりません。　　　　　　　　　　（しょう）

（卵の殻を入れるといいと他の子どもが発表し

たのを聞き、すぐに殻を入れて持ってきて発表しました。）

·····················かたつむり⑤·····················

かたつむりが、きのうあかちゃんをうみました。18こうんだ。　　　　　　　　　（しょう）

ゆきほ	18こうんで、うまれたの。
しょう	1ぴきうまれて、おかあさんが2ひきっていってた。
れな	あかちゃん、からあるの。
しょう	ある。
まこと	からはなんまき。
しょう	わからない。
わたし	どんなふうにうまれたの。
しょう	からからだっしゅつしてるとおもった。のびてうんだよ。
わたし	すごいとこみたね。

　カタツムリを6月下旬まで飼いながら、さまざまな発見を発表しました。ショウ君の発表が刺激になり、カタツムリを飼う子や家で見つけたり、外出先で見つけたりする子が増えました。見つけたことをどう発表していくかを友だちどうしで学んでいきました。

3　身近なもので

　ダンゴムシは、自然の極端に少ない街中にもいる生き物です。誰もが見つけることができ、動きがゆっくりなので低学年にも簡単に捕まえることができます。また、6月に産卵が始まりますので、興味を持って探すことができました。

···········だんごむしのおすめす···········

　だんごむしがいけのところにいました。しろいのがあった。　　　　　　　　　（あやみ）

　だんごむしをみつけました。えいごのかえりにみつけました。おすだとおもいます。

　　　　　　　　　　　　　　　　（なな）

わたし	おすとめすどうしてわかるの。
ゆう	せなかにきいろいのがあるのがめすだよ。
ゆうき	めすはきいろのせんがあるからわかる。
けんゆう	ぼくがつかまえたことがあるのがめすだった。

……………だんごむしのあしなんぼん…………

だんごむしをみつけました。だんごむしのあしは14ほんで、こっちが7ほんで、こっちが7ほんです。おすとめすりょうほういます。つちといしとはっぱをいれるといいとずかんにかいてありました。 (なな)

ゆう	あかちゃんうんでますか。
なな	うんでない。
ゆきほ	どこにいましたか。
なな	おだきゅうまんしょんのした。
けんせい	おすめすいる。
なな	いる。

《ダンゴムシと虫かご》

…………だんごむしのあかちゃん…………

しょうくんとぼくでだんごむしをみつけました。ちいさいだんごむしはおすであしは12ほんです。あかちゃんがついていたのは14ほんでした。しんだのもいます。いけのほうでみつけて、おおきなめすでした。

(けいすけ、しょう)

みずほ	あかちゃんはめすおすどっち。
しょう	わかんない。
りお	どうしてしんだの。
けいすけ	からがこわれてしんだの。
なな	たまごはなにいろですか。
しょう	きいろ。

　6月には、虫が苦手であまり触らなかった子もダンゴムシを探し始めました。ダンゴムシは、机の上や整理箱の中、教室の棚の上に日常的にいました。ある日、給食を待つ間にものぞいていた子が、ダンゴムシの腹から赤ちゃんがぽろぽろ出てきたのを見つけました。机の上に置き、「先生すごいよ。どんどん生まれるよ」と嬉しそうに話す姿と、黒山のように集まってきた子どもたちの輝く目は印象的でした。生き物の変化していく様子は、コンクリートジャングルの中で生活している子どもたちにも自然の働きを見つけていく材料になりました。

4　友だちとの活動

　発表していくことが、友だちどうしを結び付けることにもなりました。休み時間に、「一緒にダンゴムシ探そう」と声をかけたり、放課後の遊びで、花や実を見つけたりして活動する子も増えました。

………………くっつくはっぱ………………

きのうがくどうで、くっつくはっぱをみつけました。さわったらくっつきます。だれかこのはっぱのなまえをしりませんか。

(りお、ゆうか、ゆう)

けいすけ	しってる。けんせいくんとかえるときあった。いちょうかな。
れな	それってつつじじゃない。まえにはっぴょうしていたよ。
わたし	つつじでいいかな。
みんな	うん。それでいいよ。

わたし　　わかってよかったね。

5　発表が書き言葉へ

　発表したいのですが、なかなか話せなかった子どもがいました。その子が7月にやっと持ってきたのがカリンの実でした。それまでも色々な実が持ち込まれていました。ソメイヨシノの実、柿の実、梅の実、銀杏、ユズの実、夏みかんなどでした。

　その子は朝来て、「今日発表する」とすぐに話しました。

·················みをみつけた·················

　これをみつけました。うちのまえでみつけました。なまえはわかりません。　　　（はやと）

けんゆう　　すももかれもん？
れな　　　においはどんなの。
はやと　　おれんじのにおい。
りお　　　なかはどんないろ。
はやと　　かたくてわれない。

　はやと君が、発表した後に書いた文です。
　においはおれんじのにおいです。かたいからなかはみえません。なげたってわれないです。たたいたってわれないです。

《かりんの絵》

　はやと君は発表した後、質問されたことを思い出しながら書いたのでしょう。

　また、りおさんの質問が心に残っていてかりんを投げつけたり、ものさしでたたいたりしてみたのでしょう。自分のやってみたことが書けた文になっています。

　子どもの認識の度合いや言語獲得能力は、一人ひとり違いますが、学習内容や友だちの力により多くのことが、ゆっくりらせん状に身に付いていくのではないかと思いました。4ヶ月という短期間に伸びていく力のエネルギーに驚かされました。

ダンゴムシの観察を楽しむ

神奈川県・藤沢市立高砂小学校

黒澤 知子

1 はじめに

以前、小佐野通代さんのダンゴムシの絵本作りの実践を聞き、2年生を担任したら、ダンゴムシの観察をし、学習のまとめとして絵本作りに取り組みたいと思っていた。ダンゴムシにじっくり向かい合い観察をすることを通して、子ども達が身の回りの自然にも興味をもち、植物や生き物のことを好きになり、自分から働きかけることができる子になってほしいとも思っていた。

「しぜん見つけ」を4月から朝の会のコーナーに設け、身の回りの自然に目が向くように声をかけてきた。生活科の時間に校庭の植物観察を何回か行い、「梅の実が庭に落ちていた」「この花が咲いていた、桜に似ていると思った」など、少しずつ発表するようになってはきた。

ダンゴムシについては、担任から、「草むしりをしていたら、根のそばにたくさんいた…」と話したら、「触ると丸くなるよね」「ワラジムシと違うんだよね」「オスとメスの違いは…」とよく知っている子が何人かいた。どの子もダンゴムシのことは知ってはいるが、よく知らないという子が多く、ダンゴムシを探して観察しようということにし、5月連休明けからダンゴムシの飼育がスタートした。身近にいて、すぐに捕まえることができるし、触っても手をかんだりすることもないので、虫が苦手であっても、怖がることなく観察したりできる点で、ダンゴムシはとてもよいと思った。

28人クラスで、20人ほどの子が飼育ケースを用意してきて、土を入れ、枯れ葉を入れ、木の棒を入れたりして家を作って飼い始めた。足の数が多いため、初めは気持ち悪い、触りたくないと言っていた女子もだんだん触れるように

なった。なんとなく知っていたダンゴムシから、自分で育てて「何でも知っているよ」「ダンゴムシのことは家の人よりも知っている！」と今回の活動を通して、自信がもてるといいなとも思った。

また、みんなでダンゴムシという同じ虫を継続的に観察し、自分の発見したことを発表する中で、細かいところもじっくりよく見て気づけるように、『事実をしっかりとらえる』ことができるようになってほしいという思いもあった。

2 学習内容

(1) ダンゴムシは土の中や石の下にいる。
(2) 足は14本で、触覚を動かしながら歩く。
(3) オスとメスには、違いがある。
(4) いろいろなものを食べ、フンをする。
(5) 脱皮をして成長していく。

3 指導計画

(1) ダンゴムシ探し（1時間）
(2) 体しらべ、オスとメスの違い（1時間）
(3) 動き方（1時間）
(4) えさしらべ（家庭学習、1時間）
(5) 脱皮、ふ化（日常活動として）
(6) ダンゴムシと遊ぼう（1時間）
(7) 絵本作り（4時間）

4 授業の記録

(1) ダンゴムシ探し

〈ねらい〉 ダンゴムシは土の中や石の下などにすんでいる。

〈学習活動〉 1 ダンゴムシを捕まえる。
2 飼育ケースに土や石、枯れ葉などを入れ、飼う場所を作る。
3 見つけたことを絵と文に書く。

- 子どもたちは、レンガの隙間、ブロックの下、草の根元など探していた。「たくさんいて、気持ち悪い」と言いながら、嬉しそうに捕まえていた。
- 教室に帰ってきて、観察カードを書いた。書く前に、「ダンゴムシは、どこにいましたか。何をしていましたか」と教師のほうから投げかけ、それぞれ発表し合ってから書き始めた。
- 観察カードを描きながら、手に乗せて、丸くなったダンゴムシをころころさせながら楽しんでいる子や、裏返して「お腹は白いね！」と発見している子や、「背中に模様があるのがメスだよ」とオス、メスの違いを教えている子もいた。
- 最後に発見したことを発表し合った。そして、足が10本という子、14本という子がいて、「次の時間に、足は何本あるのか虫眼鏡でじっくり見てみよう」という話になったり、「ワラジムシとの違いは丸くなる、ならないのほかに何かあるのか」という疑問が出てきたり、オスとメスの違いを詳しく知りたいという声や「ダンゴムシの赤ちゃんは丸くなるのか」など疑問が出され、飼っていきながら解決しようということになった。

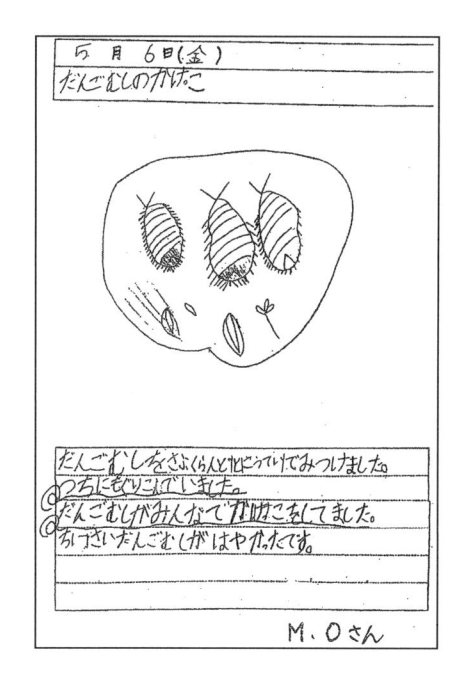

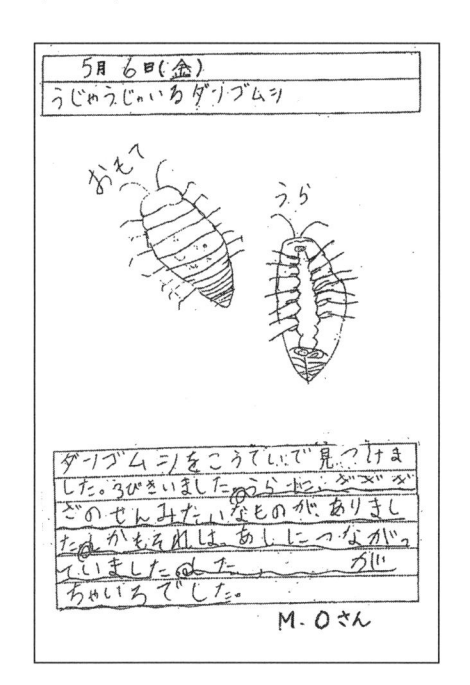

(2) ダンゴムシの体しらべ

〈ねらい〉 足は14本ある。触覚がある。メスの背中には黄色の点々の模様がある。

〈学習活動〉 1 虫眼鏡で観察する。
2 見つけたことを絵と文で書く。

(3) 動き方

〈ねらい〉 触覚を動かし、足を動かして歩く。

〈学習活動〉 1 ダンゴムシの動く様子を観察する。
2 見つけたことを絵と文で書く。

(4) えさしらべ

〈ねらい〉 ダンゴムシはいろいろなものを食べてフンをする。

〈学習活動〉 1 ダンゴムシにいろいろなものを食べさせてみる。
2 分かったことを絵と文で書く。
3 調べたことを、お互いに発表する。

- 家で調べて分かったことを発表し合った。自分が思ってもいなかったものをダンゴムシは食べるということを知り、子どもたちは面白がっていた。「たまごの殻を食べるかなと思って、入れてみたら、次の日には殻が半分になっていて、びっくりした！」とか、「いちごを

あげたら食べて、へたのはっぱも食べていた
よ」など、自分が試したことをたくさんの子
が発表した。「へえ〜、はちみつもたべるん
だあ。甘いものなんて食べないと思っていた」
とか、「自分はラズベリーをあげたら食べな
かったから、果物は食べないと思ったけど、
いちごは食べるんだなと思った」「友だちの
発表を聞いて、次は○○を試してみたくなっ
た」などの感想があり、試してみたくなった
ものを実際に試してみることを次の週に宿題
として家でやってくることにした。

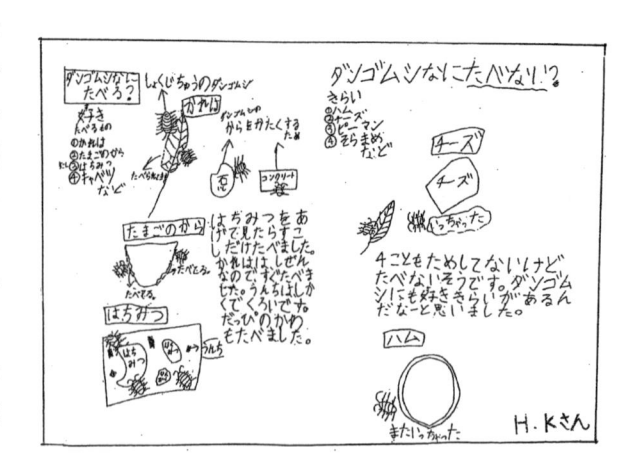

〜子どもの発表から〜

〈食べたもの〉

　脱皮の殻　枯れた木　はちみつ　コンクリー
ト　イチゴ　昆虫ゼリー　木の実　かつおぶ
し　にんじんの皮　にぼし　サニーレタス
キャベツ　腐葉土　たまごの殻　落ち葉　ビ
オラの花びら　きゅうり　ドッグフード　パン
ブルーベリー　おかか　木の樹液　かまぼこ

〈少し食べたもの〉

　じゃがいも　しいたけ　にぼし　たまごの殻

〈食べなかったもの〉

　チーズ　ソラマメ　ハム　ピーマン　ラズベ
リー　かつおぶし　はちみつ　パン　コンク
リート

　2回のえさ調べをし、「○○ちゃんは食べる
と言っていたから試してみたけど、食べなかっ
たよ」という意見に、お腹がいっぱいで食べな
かったのではないか、という意見や、人間みた
いにダンゴムシも好き嫌いがあるのではないか、
という話で盛り上がった。また、「いろいろな
ものを食べるダンゴムシは、グルメだ！」と子
どもたちは、自分で調べ、分かったことに満足
そうにしていた。

・いろいろなえさをやり、楽しんでいたが、フン
　には、なかなか目がいかなかった。

※えさしらべは、学級通信でおうちの方の協力
　をお願いした。家の人に一緒にやってもらっ
　た子はいろいろなものを試すことができた。

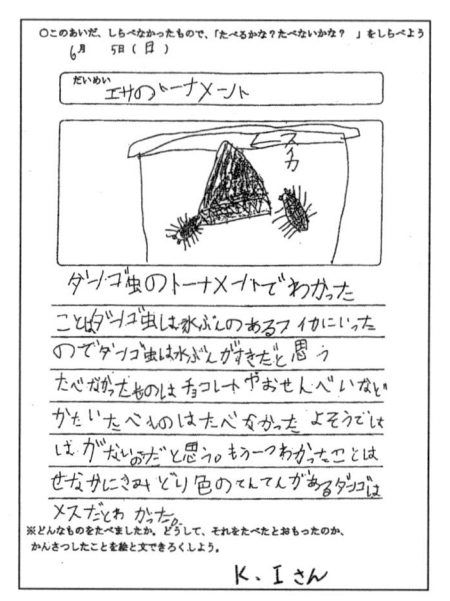

(5) 脱皮、ふ化（日常活動）

〈ねらい〉　ダンゴムシは何回か脱皮して大きく
　　　　　なる。

　　　　　メスのお腹の袋が破れて、たくさん
　　　　　の赤ちゃんが生まれる。

・体のちょうど半分が白くなり、半分ずつ白く
　なって殻を脱ぐことが分かり、子どもたちは
　びっくりしていた。ただ、見ることはできた
　が、観察記録を描くことができなかった。

・観察中に赤ちゃんが生まれた場面に出会った
　子が何人かいた。手のひらに白いつぶつぶが
　動いていて気持ち悪がっていたが、「大人の
　ダンゴムシは黒いのに、赤ちゃんは白い！」
　「こんなに小さい！」と感動もしていた。

（6）ダンゴムシと遊ぼう

〈ねらい〉 体の作りや動き方など、もう一度じっくり観察して事実をしっかりとらえる。

ダンゴムシは、どんなことができるか自分で試して調べる。

〈学習活動〉 1 ダンゴムシを触ったり、虫眼鏡でじっくり観察したりする。

2 どんなことができるのか、自分で試してみる。

3 見つけたことを絵と文で書く。

〈子どもが気づいたこと〉

・まつぼっくりを入れたら、たくさんのダンゴムシがまつぼっくりの中に入った。まつぼっくりが好きなのかな。

・丸まっている葉っぱを入れたら、中に入って出てこなかった。暗いところが好きだからかな。

・プラスチックのつるつるしているところも歩いていた。

・鉛筆にぶら下がるように逆さになって歩いていた。落ちないのは、足の先がべたべたしているからかな。フックみたいに引っかかるものがあるのかな。

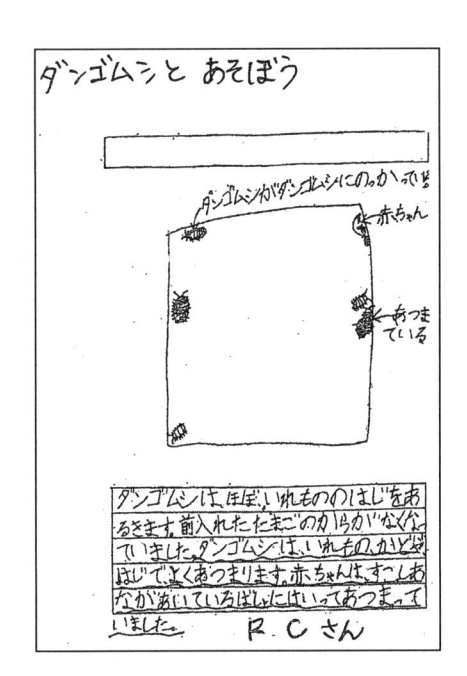

（7）絵本作り

〈ねらい〉 自分の分担の場面の絵と文を書く。

〈学習活動〉 1 どんな場面を書くのか確認する。

2 グループで絵本の題名を相談して決める。

3 画用紙に絵と文を書く。

4 発表会をする。

・今回は、クラスみんなでどんな場面を描くか話し合い、自分は絵本のどの場面を担当したいかをまず決め、グループは担任が後から決めた。担当になったのに、自分の観察カードにあまり記録がない子もいて、そういう子は、同じグループの友だちに相談してもよいことにした。

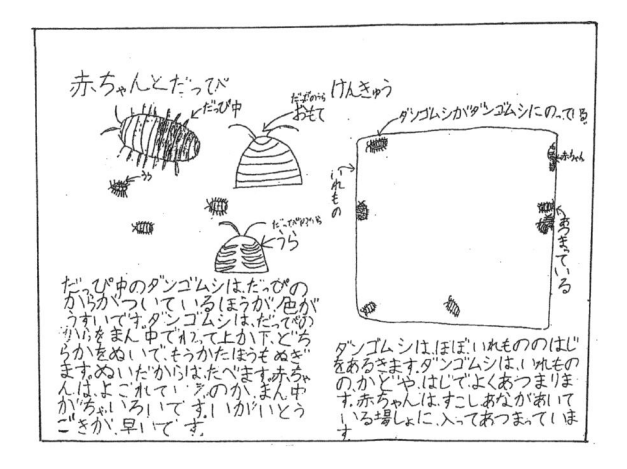

・グループで話し合ったのは、絵本の題名だけで、あとは、ほとんど個人で取り組んでいた。たくさん書きたいという思いから、自分の担当ではないことまで書いている子もいた。

5　実践をして

　ダンゴムシを飼い始め、2、3週間は休み時間になると楽しそうにダンゴムシを探しに行く姿が数人ではあるが見られた。「しぜん見つけ」には、発表はされなかったが、カマキリ、バッタ、カタツムリなど、校庭で見つけたり、家で見つけて持ってきては、休み時間に友だちと楽しそうに触ったり見たりする子も見られた。

　生活科の授業の中でダンゴムシを観察してきたが、身近にいるダンゴムシについて「初めて知った！」という喜びの発見が多く、楽しみな

がら学習を進めることができた。また、①身近にいて捕まえやすい　②どの子も触れるようになる　③乾燥させないことに気を付ければ、えさは何でもよいので飼いやすい　ということから、5月中旬から7月の夏休み前まで2か月飼い、休み時間も触ったりもできるので、2年生には、とても観察しやすかった。また、小佐野さんからお借りした絵本を見ていたので、自分たちも「いい絵本を作る！」ととてもはりきって絵本作りにも取り組んでいる。観察したら、カードに書く前に、発見したことを発表し合うことで、「自分は気づかなかったけど、○○ちゃんの発表を聞いて、もう一回よく見たら、本当にそうだった！」など、友だちの発表に学ぼうとする姿も多く見られた。

ただ、事実をしっかりとらえるという点では、足の数や体の節を意識して観察できるようになった子もいるが、まだまだ感覚で絵を描いている子も多くいる。

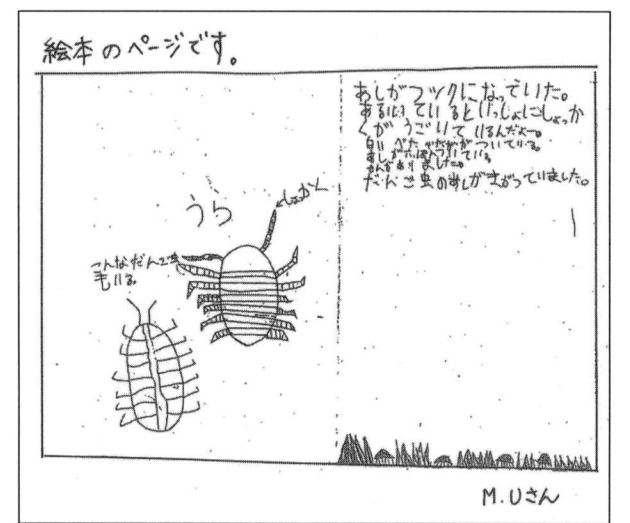

絵本のページです。

M.Uさん

6　大会で発表をして

今回、科教協全国研究大会静岡大会で発表して、ダンゴムシを飼うにあたり、「飼育」の意義について分かっていないまま、実践をしていたことに気づけたことが大きな学びだった。「生き物は、①えさを食べて大きくなる。②食べればフンをする。③えさを得るための動きをする。

④子孫を残す」ということを飼育活動によって子どもに学ばせるためには、どういう視点で観察をさせるとよいのか教師として考えることが大切であると分かった。

観察の視点として大切なことが、どのようにえさを食べるのか（口の動かし方、口はどのようになっているのか）や、動き方（足の様子）、ふんのこと（大きさなど）であることだと納得した。また、たまごから孵って一生を終えるまで興味をもって、愛情をもって育て、観察できるようにするには、たくさん関われるようにすることが大切で、子どもはたくさん関われば、よく観察し、たくさんの発見を楽しみ、たくさん記録できることも改めて分かった。

今まで私が思っていた「生き物を観察するということ、自然に目を向け事実を捉えるということ」とは違って、それぞれの自然の中でえさを食べて生きている姿を子どもに捉えさせるということ、実際に飼うことですんでいる場所とえさの関係に気づいたり、死にふれたり、生き物への愛着をもてるようにすることが大切なのだと分かった。私は、観察するためにダンゴムシをただ飼っていたんだなと思った。また、えさしらべはいろいろなものを食べると分かって楽しく授業ができたけれど、自然の中に人間が食べるものが落ちていることはほとんどなく、飼育をするときには自然の状態に近くして、飼う中で子どもがえさにも目が向くようにするのがよかったのだとも思った。

参考図書
・かがくのとも『ぼく、だんごむし』福音館
　　得田之久　文　　たかはしきよし　絵
＊編集担当の追加分参考図書
・皆越　ようせい『うまれたよ！ダンゴムシ』よみきかせ　いきものしゃしんえほん5　岩崎書店
・皆越　ようせい『ダンゴムシみつけたよ』ポプラ社
・今森　光彦『ダンゴムシ（やあ！　出会えたね）』アリス館

タンポポしらべ (2年生)

栃木・しもつけ理科サークル

山﨑 美穂子

2013年度は2年生の担任をしました。2年生を教えるのは初めてで、生活科も2回目（前回は1年生）ということで低学年初心者ですが、本などを参考にしながらスタートしました。

低学年では何が大切なのかを考えるにあたり、主に参考にしたのが、玉田泰太郎編『たのしくわかる自然をさぐる・ものをつくる1・2年の授業』（あゆみ出版）です。この中には低学年で重視したい内容が、次のように書かれていました。

①自然にはたらきかけるなかで、自然の本質的なとらえ方（自然の科学的認識）につながる、個別的な事実認識をたしかなものにする。

②自然にはたらきかけ、個別的事実認識を深めるなかで、自然にはたらきかけるはたらきかけ方を身に付ける。

③自然を綴るなかで、個別的事実認識を自覚化したり、自然のもつ論理性を把握したり、子どもたちの集団の共有化の方向で、自然へのはたらきかけを広げたり、さらに自然にはたらきかけるちからを身に付ける。

④物を作る活動をとおして、作ろうとするものを頭に描き、形にあらわし、道具を使い、作りだし、作りかえ、さらに発展させるなかで、手と頭を結びつけて、はたらく手をきたえる。

以上のことを念頭に置きながら、4月のスタートを切りました。なお「しぜんのたより」（学級通信に掲載）も同時にスタートさせました。

タンポポの学習について

2年生で初めて担任した子どもたちとどのような授業を作っていこうかと考えたとき、まずは身近にあって誰にでも手に取ることのできるタンポポという素材を扱いたいと思いました。

探すこと、手に取ること、作業をすること、よく見ること、これらのことを通して自然へのはたらきかけ方を少しずつでも身に付けていってほしいと思ったからです。

単元のねらい

・自然にはたらきかけ、自然の本質にせまる個々の具体的な事実をとらえる。

・自然へのはたらきかけ方を身に付ける。

・見つけた自然を絵と文で綴り、論理をみがく。

学習内容

①タンポポは、道端や校庭のすみ、校舎のまわりなどいろいろなところに生えている。

②タンポポは小さな花がたくさん集まっている。

③タンポポのからだは、根、茎、葉、花でできている。

④タンポポは土の中に根を長く伸ばしている。

⑤タンポポは花が咲き終わるとわた毛のついた種ができる。

⑥タンポポはわた毛をとばすことで、種を遠くに運ぶことができる。

指導計画

第1・2時 タンポポさがし……校舎周辺をめぐり、タンポポが生えている場所を探して、タンポポの地図作りをする。

第3時 タンポポをぶんかいする……タンポポの花を一人1つ取ってきて分解し、花のおおまかなつくりを知ると共に、花びらの多さに気付かせる。

第4・5時 タンポポの花の数しらべ……花をほぐし、花びらの数を班ごとに数え、比べあう。タンポポの花は小さな花がたくさん集

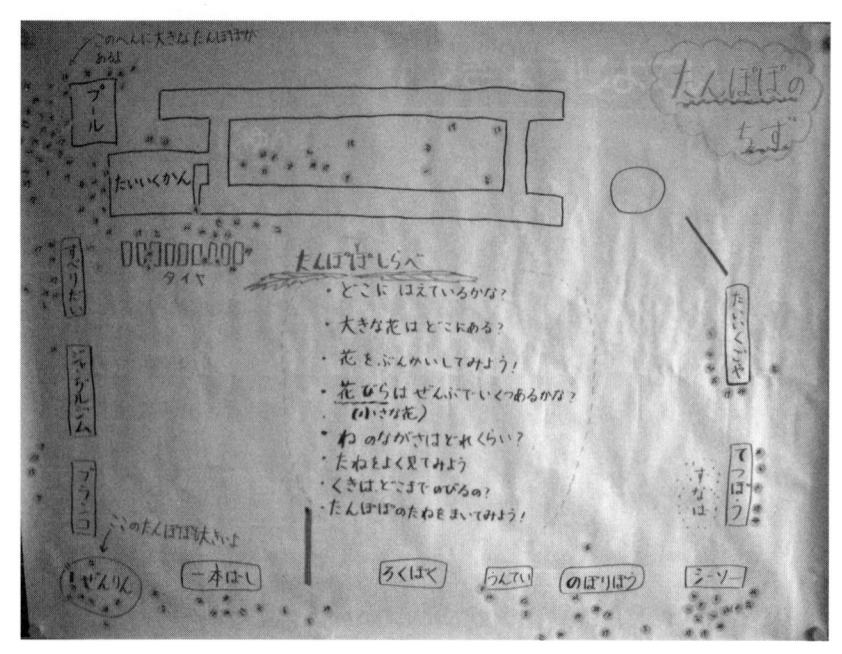

*タンポポのちず（授業後、教室の壁面に掲示）

まってひとかたまりの花になっていることを認識させる。

第6時 タンポポのねをほる……班ごとに外に生えているタンポポを1つ選び、根を掘って長さ比べをする。

第7時 タンポポのたねしらべ……1本の花と、1本のわた毛のある1個の種を比べ、種は花のどこが変わってできたものかを考えさせる。

第8時 タンポポのたねまき……わた毛についた種をまき、芽生えることを確認する。

授業の展開

第1・2時 タンポポさがし

生活科の授業で、「春をみつけよう」と称して校庭にある植物をみんなで見て歩きました。ナズナやオオイヌノフグリなどいくつかの植物を事前に教室で紹介しておき、「学校にもあるかな？」と投げかけてのスタートでした。

実際に歩くなかで、子どもたちはいろいろな花があることに気付きます。いつの間にか子どもたちの手には小さな野草の花束ができました。

「タンポポも取っていいの？」という子が出てきたので、「タンポポは今日は取らないでね。でも後でタンポポの勉強をするから、どこにあるかは見ておこう」とだけ話しました。

そして次の時間「タンポポさがし」をすることにしました。「今日はタンポポをたくさん見つけようね。どこにあったかは、この地図にあとでシールを貼って教えてね」と話し、黒板に模造紙に書いた学校の地図を貼りました。シールは一人に5枚渡し、見つけたところに貼ることにしました（実際には5枚では足りませんが、多かったところを選んで貼ろうと話しました）。

幸い、学校にはタンポポがたくさん生えている場所があります。子どもたちがいつもは遊んではいけないとされているプールの裏や中庭などです。今日は教師と一緒なのでそこにも行けるというワクワク感、そしてたくさんのタンポポを見つけたときの感動。たかがタンポポですがされどタンポポです。目的のものが見つかったときの喜びを十分に味わうことができ、以後にタンポポを取りに行くときは、迷わずプールの裏に直行していました。

第3時　タンポポをぶんかいする

　普段、子どもたちは生き物を大切にしようと教わっているので、草花を勝手に取ってはいけないとか、取ったものは大切にしなければならないなどと言われています。しかし、今日はタンポポの花をばらばらに分解してもよい時間。最初は躊躇していた子どもたちも次第に夢中になっていきました。「好き、嫌い、好き、嫌い」とひとつひとつ花びらを取る子、最初から真っ二つに割っている子、様々でした。活動の中で、タンポポは花の時からすでにわた毛になる準備がされていることや、花粉がたくさんついていること、花びらの裏側は黒っぽくなっていること、そして何よりも花びらの数が多いことをつかんでいきました。

〈子どもの記録より〉

　今日学校のじゅぎょうで、わたしはたんぽぽをつんで、ぶんかいをしました。花びらはかぞえられませんでした。

　ぜんぶ花びらをぶんかいしたら、みどり色のつぶつぶが出てきました。みどり色のつぶつぶといっしょにとれた花びらもありました。

　中にわたげがありました。かふんはまん中らへんにありました。かふんが手にいっぱいつきました。花びらは何まいもあるんだなとおもいました。たんぽぽがすきになりました。

（W・A）

　たんぽぽをぶんかいしてわかったことは、手にいっぱいかふんがつくことと、小さいわた毛がいっぱいあって、ものすごく小さいたねを見つけたことと、やぶいたくきをかみの上におきっぱなしにすると、かふんがついてきいろくなったことです。

　いっぱいたねがあつまっていて、おもしろかったです。花びらのうしろがくろっぽい色ということもしりました。また、やりたいです。そして、目がかゆくなりました。たんぽぽのかふんしようかとおもいました。たんぽぽのひみつをもっとしりたいです。　　　　（M・N）

第4・5時　タンポポの花の数しらべ

　国語の教科書（東京書籍）に「たんぽぽ」という単元があります。そこには「小さな花をかぞえてみたら、百八十もありました。」という記述があります。この頃には授業でこの単元に入っていたので、その数と比べてみよう、ということで班ごとに数えさせました。1から順に数えてすべて数えてから画用紙に貼る班、きれいに並べて貼ってから数える班等、様々でした。100より大きい数は2年生の算数でこれから学習するのですが、子どもたちは10のまとまりを囲ったり、数えた花を線で消したりしながら数えていました。子どもたちの申告によると多い班では303個、少ない班でも152個になったそうです。

～タンポポの種かぞえ結果の写真～

《きれいにならべて貼りました》

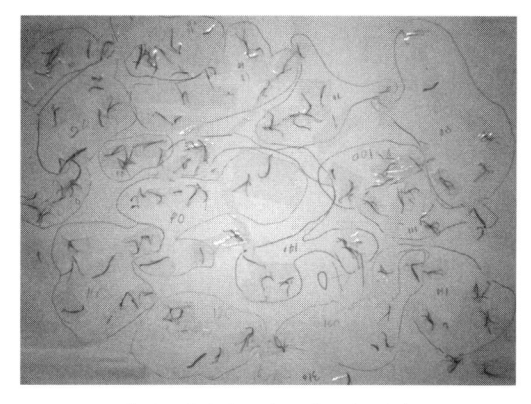

《10のまとまりをつくりました》

〈子どもの記録より〉

　わたしは、たんぽぽをとってぶんかいしました。タンポポの花びらは152まいでした。タ

ンポポの花びらがこんなにあったとはおもいませんでした。

花びらをとっていたら、手がきいろくなっちゃいました。

グループの人といっしょにはってかぞえました。とてもたのしかったです。

花びらがこんなにいっぱいあって、152まいもあって、すごくびっくりしました。

(N・M)

タンポポをとってぶんかいしたら、タンポポにわた毛がいっぱいついていました。わたしたちのはんは242まいありました。手にきいろいのがついちゃいました。はじめてかぞえてみて、おもしろかったです。 (U・H)

第**6**時 タンポポの ねをほる

土のやわらかそうなところを選んで、班ごとに掘らせました。しかし思った以上に土は硬く、なかなか掘り進めることができません。そのうち「ミミズがいたよ」「ダンゴムシが出てきた」「（白い幼虫を見つけて）何の幼虫かな？」などと声が上がり始めました。また周囲の草花にも目が向くようになり、根を掘るだけでなく、おまけの発見がたくさんありました。この日は「しぜんはっけんカード」を書いた子がたくさんいました。根のほうは長い班で7〜8cmでしたが、タンポポの太い根や、根が切れたときの断面の白さなどをみんなで確認することができました。教師が長く掘った根を見せられればよかったのですが、その準備も間に合わず、子どもが掘る時間も1時間の中では短すぎたようで、中途半端になってしまったことが反省点です。

第**7**時 タンポポのたねしらべ

国語の教科書にはタンポポのくきについて「みがじゅくしてたねができると、くきはおき上がって、たかくのびます。」という記述があります。それに関連させて教師が「長いくき」を見せて、同時にわた毛もひとりひとり観察させました。くきの長さは、なんと61cm。わた

毛もちょうどよく開いていて、種が中央の丸いところにくっついている様子も見せました。

第**8**時 タンポポのたねまき

小さなカップに土を入れて、タンポポの種をまきました。小さな芽が出たときには「初めて見た!!」と喜んでいた子どもたち。これが大きくなって花を咲かせるまでのことを想像しました。

学習を通して感じたこと

(1) 単元の位置付けと子どもの認識

この単元は「タンポポのことを教える」というよりは「タンポポを通して植物のからだのつくりやしぜんへのはたらきかけ方を教える」という位置付けにしました。そのため、タンポポのひとつひとつの「小さな花」を「花びら」と表現していたり、「み」と「たね」が曖昧になっていたりしても、あえて訂正はしませんでした。子どもの認識は「何枚かの花びらが集まってひとつの花をつくっている」というものです。そのような認識のもとに花びらの数を数えたり、花の中にある「おしべ」「めしべ」などの花のつくりに目を向けられたりするようになるのだと思います。また、たねのもとになる「つぶつぶ」が花の中にあることに気付くことができれば、それだけでも十分です。

(2) 子どもたちはどう変わっていったか

2年生で初めて書いた「しぜんはっけんカード」には「ピンク色のかわいい花をみつけました」といった文章や、絵を描かせても人が花を持っていたり、色鉛筆で簡単に描いたりしただけのものが多かったです。しかし、この単元を通して花を詳しく見ることや、においや手触りに注目すること、自分で考えることなどが少しずつできてきたように思います。また、学校での学習が家庭でも活かされて、自主的に調べてくる子もいました。

〈子どものノートより〉

わたしは、たんぽぽのわた毛をかぞえました。

かぞえたら123こもありました。学校で花びらのかずをかぞえたときよりもすくなかったです。　　　　　　　　　　　　　（O・N）

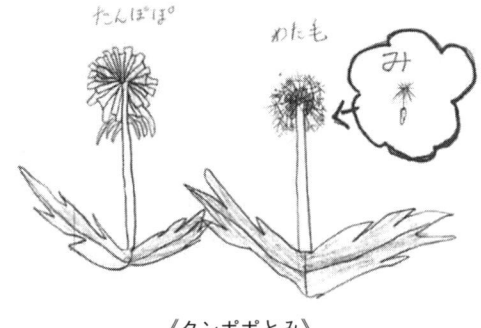

《タンポポとみ》

さんぽをしていたら、田んぼのところでムラサキツユクサを見つけました。においは、いいにおいでした。ぶらさがっているつぼみみたいなのをひらいてみたら、小さいたねみたいなのを見つけました。小さくてかわいかったです。　　　　　　　　　　　　　（N・K）

《ムラサキツユクサ》

（3）保護者を巻き込んで……

学級通信に子どもたちの活動の様子や「しぜんはっけんカード」の記述などを載せています。家庭訪問に行った際、保護者から「学校から帰って来るなり『タンポポはどこにある?』と言われ、先日草取りをしていて抜いてしまったので、子どもと一緒に探したんです」「どこにでもありそうなのに、なかなか見つからなくて、大変でした。なんでこんなにタンポポを欲しがるのかなと思っていたんですが、そういうことだったんですね」などというお話を伺いました。別

にタンポポを探すことを宿題にしたわけではありませんが……。子どもの呼びかけに応えて一緒に探してくださったり、子どもの意欲を高める言葉かけをしてくださったり、教師・子ども・保護者それそれが楽しみながら自然と関わっていけることが素敵だなと思います。

◆子どもと共に自然を見つめる

子どもの記述にこんな文章がありました。

> **題「ベランダのレタスにざっそうが生えた!」**
> レタスのうえきばちに、2つざっそうが生えました。今日、風にざっそうのたねがはこばれてくるのをしりました。小さいのは、まだはっぱがついていません。今日あとでぬこうかなと思いました。　　　　　　　　　　　（E・S）

2年生と一結に、「しぜんのたより」に取り組んでいると、自分自身で子どもたちに見せたいものや紹介したいことが出てきたり、知らなかったものの名前を調べるようになったりしました。そうすることが、とても楽しいのです。そして教師が楽しそうだと、子どもたちもつられて一生懸命になっていきます。そして、保護者の理解と協力も得られるようになります。

子どもの感性に驚かされたり、「こんなことを考えるんだなあ」と感心したり、子どもとのやりとりを通して、私自身自らの感性を磨き、これからも子どもと共に自然を見つめていきたいと思います。

［参考文献］
・玉田 泰太郎 編『たのしくわかる　自然をさぐる・ものをつくる1・2年の授業』あゆみ出版、1993年
・江川 多喜雄 編著『そのまま授業にいかせる生活科』合同出版、2012年
・自然科学教育研究所編（1998年）
　『見つける・つくる生活科2年の指導計画と実践』
　『見つける・つくる生活科1年の指導計画と実践』

たねをあつめよう

元　埼玉県公立小学校教諭
小林 浩枝

◆児童の実態と「自然のおたより」

私の勤務していた小学校は川口市の東に位置し、校庭は広く、学校の隣には遊水地が広がり、多くの植物、虫や鳥を観察することができる。都市化した川口市の中では自然環境には恵まれた学校である。

しかし、入学当初は身近な動植物に興味を持っている子どもは少なかった。そこで、「自然のおたより」と称して、自分でみつけた動植物を持ってきて朝の会に発表する時間を設けた。初めは発表する子どもは少なかったが、友達の持ってきたザリガニやカタツムリ等に興味を持つ子どもが増えてきて、いろいろな物が持ち込まれるようになった。

それから、1学期中に学級の中でダンゴムシ、カマキリ、カタツムリ、カイコ等を飼い、成長を見てきた。このような手だてにより、子ども達は、自然の物に興味を示すようになった。

初めは「気持ち悪いからダンゴムシは家に持ってこないで」という家庭もあったが、子どもといっしょにザリガニ釣りをしたり、図鑑で子どもといっしょに調べたりするような保護者も現れ、保護者の協力も得られるようになった。

◆教材について

1学期は「自然のおたより」も順調に進み2学期を迎えた。生活科の指導計画には「あきをたのしもう」という単元がある。教科書にはドングリとりをしてこまを作って遊んだり、紅葉した木の葉で遊んだりということが載っていた。

子ども達が、自分の周りの自然とのかかわりの中で、生物や物の世界にはたらきかけ、自然を科学的に認識していくことが大切だと私は考えている。文字の習得が十分でない低学年の時期だからこそ、五感をたくさん使って身の回りの植物や動物に出会って、はたらきかけ、自然の物を科学的に認識していってってほしいと思っている。低学年の時期に自然を豊かにとらえる感性をはぐくむことは、児童の成長にとって大切なことだ。

遊ぶ体験だけの生活科では、子ども達の科学的な見方や考え方は育たないと考え、指導計画を次のように立て直した。

◆指導計画

(1) 秋の校庭や遊水地の動植物の変化をみつけよう

・ショウリョウバッタやイナゴ等をとってきて飛ぶ様子を見る
・遊水地の秋の草花の変化をみつける

(2) 秋の虫を飼ってみよう

・トノサマバッタの草を食べる様子を見る
・スズムシを飼って鳴く様子を見る

(3) 種を集めよう

・アサガオの種をとる
・種を集める
・風で飛ぶ種を見る
・くっつく種を見る
・食べられる種を集める

(4) 実や種を使って遊ぼう

・ドングリを使ってこまを作る
・ドングリを使っておもちゃを作る
・アサガオのつるや、木の実を使ってリースを作る
・ヨウシュヤマゴボウの実を使って色水を作る

(5) 木の葉で遊ぼう

・紅葉した葉で遊んだり、葉を使って絵を描く

◆授業実践の様子

（1）バッタやスズムシの授業

秋になると草原で見かけるバッタやコオロギを遊水地にとりに行って虫のいる場所や虫の特徴をとらえる学習をした。

バッタは、草を食べ、よく跳ねる足があることなどを見せたいと思い教室でしばらく飼い、虫かごから出して跳ねさせたり、飛ばしてみたりした。子ども達は20匹以上の空飛ぶトノサマバッタに驚き大喜びだった。またスズムシを飼い、鳴くことや産卵することなどを学ばせた。

（2）種の授業
①9月「アサガオのたねができた」

5月から育てていたアサガオは9月にはたくさんの種をつけていたので、アサガオの実の絵を描いた。そして、その中に種が入っていることを確かめた。花が咲いた後に、また花が咲くと思っていた子どももいたので、7月に、花の下にテープをつけておいた。9月になってテープのところには種ができていたので、花が咲いた後には種ができることがわかったようだ。

②9月「トウモロコシの収穫」

花壇で育てていたポップコーン用のトウモロコシの収穫をした。子ども達はびっしりと粒がそろったトウモロコシしか見たことがないので、ところどころが白くなっているトウモロコシに驚いていた。

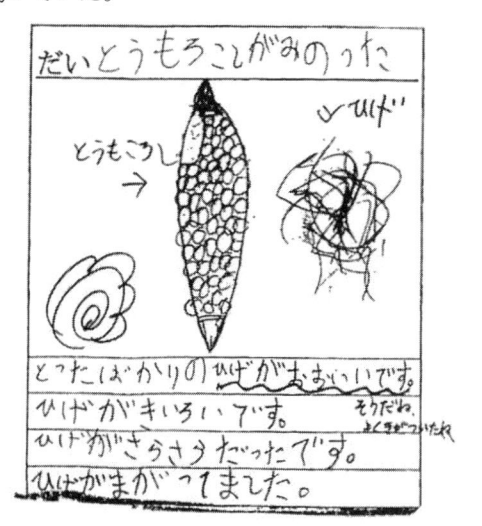

その後、電熱器とフライパンを使ってポップコーンを作って食べた。ポンポンはねるポップコーンに教室は大騒ぎだった。

③9月から12月「家庭での種集め」

校庭でオシロイバナ、ジュズダマの種をとってきて工作用紙で作った種カードに木工用ボンドで貼りつけた。家でも種を見つけたら、カードに貼っていくように話した。

朝の「自然のおたより」の時間にいろいろな種が届けられるようになった。リンゴの種の発表があった後は果物を食べたら種があることに気づき、ブドウ、カキ、ナシ、ゴーヤ、メロン、レモンなどの種が届けられた。

クリが届けられた日、ある子が「クリもドングリも種だよ」と言い出した。ドングリごまを作った日の次の日だった。

「えー、そうなの」という声が挙がったので「なぜ、種だと思うの」と聞いたら、「ドングリから根っこが出ているのを見たことがあるから」と話した。そこで、みんな、種カードにクリやドングリを貼った。

穂のついた稲を持ってきてくれた子どもがいたので、米も種なんだと気がついた。

《種カードの写真》

④飛ぶ種・ガマの種

まだ熟していない茶色のガマを遊水地から取ってきて「これ、なんだろう」と聞いた。

児童：ウィンナ。

教師：遊水地からとってきたので食べ物ではあ

教師：これはガマという草です。これはガマの何だろう？

　子ども達の考えでは、根０人、茎２人、葉０人、花０人、種27人だった。

教師：なぜ、茎だと思った？

児童：すーすーしている。

教師：なぜ種だと思った？

児童：アサガオは袋の中に種があったから、この中にたくさん種がつまっている。

児童：そうそう。

教師：この中を見てみると……。

　熟している物を割ると綿毛がたくさん出てきた。児童に少しずつ分けて観察させた。

児童：やっぱり種だった。

　綿毛の中にごま粒の半分くらいのとても小さい種が入っていた。この小さい種も「種があるはず」と思って見たので見つけられたのだと思う。種を飛ばして遊んだ。タンポポみたい、ススキみたいという声もあって、こういう種もあることを話した。「綿毛があると、遠くまで飛んでいける」と発言した子どももいた。

⑤飛ぶ種・カエデの種

　カエデの種を１つずつ渡して、机の上に乗って種を落として遊んだ。その後、大きな羽のついたラワンの種を見せた。本でマツの種も見せた。子ども達は飛ぶ種に興味を持った。

⑥くっつく種・オナモミ

教師：今日は、先生いいものを持ってきたんだ。見たい？……ジャ～ン。

教師：これ。（オナモミを見せる）ほら、洋服にもくっつくんだよ。今日は、これで遊んでみたいなと思って持ってきました。

（黒板に雑巾で作った的を貼り、少し離れたところからオナモミを投げる）

児童：くっつき虫だ。的当てみたい。

教師：おもしろそうでしよう。やってみたい人？

児童：は一い。

教師：では、黒板に的を貼るから待っていて。用意ができて姿勢のいい班からだね。うーん。みんないいね。班長は出てきてください。けんかしないで配って。では、班ごとにやってみよう。

「先生、赤いところにくっついた」

「100点」

「まとに、くっついたままにしたほうがわかりやすいよ」

「この線からだよ」

「どいて、どいて、私の番だよ」等々楽しく遊んだ。

（15分間的当てをして遊んだ）

教師：では、やめて。席に戻ってください。今ね、先生にこの虫どこにいるのって聞いた人がいるけど、これは、虫ではないんです。

児童：え一。本当に？

児童：ぼく知ってるよ。

ＫＺ：それは虫じゃなくて植物。

教師：そう。草なんだよね。名前はね、黒板に書くから読んでください。

児童：おなもみ。

教師：それでね。オナモミって、なんで洋服にくっつくのかな。わかる人いる？

ＫＧ：針があるからです。

児童：いいです。

ＳＭ：とげがあって洋服にささるからです。

教師：とげがあるとか、針があるとか言ってくれたね。黒板に書くね。本当にあるかな。１個をよ～く見て。

児童：ある。ある。

ＩＴ：虫みたいにかるい。

ＳＵ：とげがこういうふうになってる。

教師：こういうふうに曲がっているっていうん
　　　だけど。

児童：確かに曲がってる。本当。

教師：いい目だね。

ＩＨ：クワガタみたいな角がある。

児童：あるある。似てる。

ＨＭ：とげの先のまあるいところは緑で、とげ
　　　は茶色になってる。

教師：色が違うことに気がついたね。

ＫＴ：カタツムリの目に似ている。

ＴＮ：とげをとると種に似てる。

児童：似てる。似てる。

教師：あ〜。このとげを全部とると種みたいだっ
　　　てことだね。

教師：じゃあ、これに書いて。

（用紙を配る）

児童：先生、これ持って帰ってもいい？

教師：いいよ。

児童：ママにしかられる。

児童：しかられないよ。ママにくっつけちゃえ
　　　ばいいよ。

教師：絵を描いて、自分で気がついたことを書
　　　いてください。書いている間に順番にこ
　　　の拡大鏡で、とげの先を見てください。

（しばらくして）

教師：書き終わった人もいるから読んでもらい
　　　ます。

ＩＫ：今日オナモミを見ました。ひみつは、何

か一番先にクワガタみたいなとげがあり
ました。最初は虫だと思ったけど本当は
葉っぱでした。なぜ服につくかというと、
とげがあるからです。

教師：なんでくっつくかというひみつのわけが
　　　書いてあるね。ＩＤさんのもいいよ。ま
　　　だ途中だけど最初を読んで。

ＩＤ：読みます。くっつくのは、上に曲がって
　　　いるから洋服にくっつく。上のところに
　　　もしゃもしゃのものがついている。

教師：ＩＤさんは、とげの先が曲がってるって
　　　書いているね。ＳＴさんの絵を見たら、
　　　とげの先がちゃんと曲がって描いてある
　　　んだよ。先生えらいなと思ったよ。みん
　　　なのも、そうなってる？

ＨＳ：読みます。今日オナモミを見ました。ひ
　　　みつはちくちくしてまるい硬いとげで、
　　　靴下にも、髪の毛にもくっつきました。
　　　さわったら、いたいです。まるい形をし
　　　ていました。

教師：へ〜。靴下や髪の毛にもくっついたの。

《子どもの記録カード》

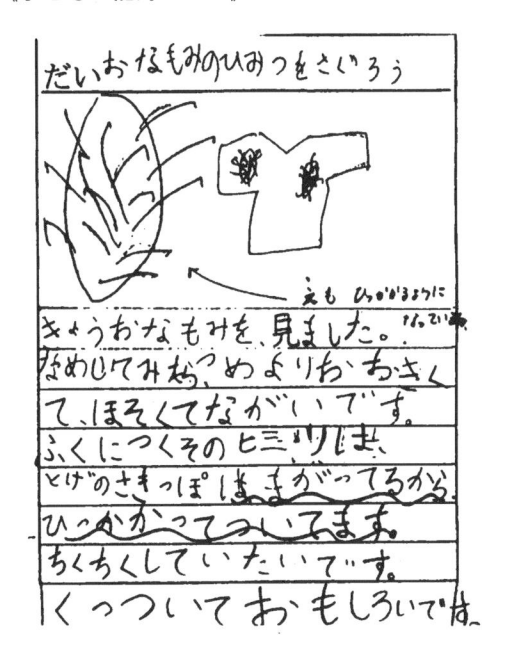

児童：本当だ。靴下にもくっつくよ。

（その後も発表が続いた）

次に「ぼくはたね」という本を読み、オナモミは種で動物の毛について種があちこちに散布されることを話した。

⑦「たねあつめ」のまとめ

　毎日、朝の「自然のおたより」では、たくさんの種の発表があった。集めた種はカードに貼っていった。一番集めた子どもは48種類だった。12月に「たねあつめ」をして気がついたことを発表した。

　「色がいろいろある」「羽のある種もあった」「花が咲くと種ができる」「たびをして落ちてまた1年したらまた咲く」というような発表があった。

◆授業を終えて

　遊ぶだけの生活科ではなく、遊びながら知的な興味を持たせたい。そして自分の思ったことや、活動を語したり文章で表すことができる子どもに育てたいと日々思いながら授業を進めてきた。

(1) バッタやカマキリの動物のほうが子どもにとったら魅力的なので、「たねあつめ」はブームになるだろうかと思っていたが、少しずつ種を持ってくる子どもが増えていった。

　興味を持つ子どもが増え、植物の種にはいろいろあることがわかったようだった。

(2) 綿毛のある種、飛ぶ種、くっつく種の順に授業をした。子ども達は小さな物でも観察できる力が伸びてきた。そして、記録も授業でやったことや気がついたことがたくさん書けるようになってきた。

(3) 「植物は花を咲かせて種を作り、子孫を残す。子孫を残すためにいろいろな場所に散布する」といった高学年の理科に関する内容についても2、3発言している子がいた。それは本などで知ったようだった。低学年では、そういう内容はねらわないが、その素地になる直接体験を多くさせることが必要だと感じた。綿毛飛ばし、カエデの種飛ばし、オナモミの的当てなど経験している子と、そうでない子

どもの差が大きいので、授業で扱うことには意味があると思った。

(4) まいたら芽がでる物が種だ、と子ども達が認識できるように、種まきをした方がよいというアドバイスをサークルでもらった。収穫した種を秋にまいてもすぐには芽が出ないが、タンポポやアサガオのように見られるものもあるので、やればよかったと思った。

(5) 植物を教室に持ち込んで学習した後、11月に近くの遊水地に出かけた。子ども達は学習した種をいっしようけんめい見つけようとしていた。学習したことは興味があるので、他のことに興味を示さず、熱心に種を探している姿には驚いた。そして見つけたガマの綿毛をあちこちに飛ばして喜んでいた。学習しないで出かけていたら秋の草花の種などには興味を示さなかっただろうと思うが、知識を与えてから観察しに行くと、こんなにも興味を示すのかと改めて思った。

　生活科では知識は重視されていないが、1年生の知識欲は旺盛である。この大切な時期に、幼稚園と変わらないような遊ぶだけの生活科だったら、廃止すべきだと思っている。

冬を見つけよう（1年生）

〜冬芽の観察〜

山梨県南アルプス市立若草小学校

市川 政子

1年生の生活科では、春夏秋冬と季節ごとに身の回りの自然の様子に目を向け、季節の変化に気づく内容が入っています。春から秋にかけては、これまでに私もさまざまな方法で季節を実感できる内容を取り上げてきました。しかし、冬となると雪や氷を教材にすることはありますが、他の季節に比べあまりまわりの自然に目を向けることが少なかったように思います。

そこで冬の自然の様子を見てみることにしました。今回特に取り上げたのは、冬芽です。何も知らなければ見過ごしてしまう冬芽。でも目を向けてみると、とても興味深くて子どもたちは夢中で冬芽探しに取り組みます。冬芽を観察することで、今まで見えなかったものが見えてきます。

単元のねらい

◎冬の生き物や自然の様子に気づき、冬を実感する。

◎葉を落とした木も、枯れているのではないことがわかる。

◎いろいろな冬芽を観察することで、冬芽の中には花や葉が準備されていることがわかる。

学習内容と指導計画

1）校庭に出て冬だと思うものを見つける。
　みんなで紹介し合う。
　自分が見つけたものを絵と文でかく（2時間）。

2）冬を見つけようビンゴをする（子どもたちが前時で見つけたものでビンゴを作る）。
　ビンゴで見つけたものを絵と文でかく（1時間）。

3）氷作りをする（1時間）。

4）冬芽（サクラ・モクレン）の観察をする（2時間）。

5）ほかの冬芽を見つけて観察する（1時間）。

6）冬芽から花がさくことの確認（1時間）。

学習するうえで気をつけていること

・外での観察：何を見るのか、見つけるのか、活動する内容をはっきりと提示する。

このことを子どもたちがしっかり理解していないと、何となく時間を過ごしたり、別なことで遊んでしまう子どもが出てきます。余計な注意に時間を使ってしまったり、むだに時間を使うことになります。外に出る前にねらいをはっきりさせることが大事だと思います。活動内容を具体的に伝えておきたいです。子どもたちが学習の目的をきちんと理解していると、他のことで遊び出す子どもはいません。夢中で取り組みます。

また、活動する時間と場所を決めて行います。外に出ると解放されるので、どこで見るのか、何分間見るのかなどを初めに言っておくとよいと思います。してよいこと、してはいけないことなども言葉で確認しておくことも大切です。

これらのことをきちんと提示してから、活動を始めさせましょう。

・1人の発見を、みんなで共有する。

見つけたものや気づいたことをみんなで伝え合います。学び合いの場をつくります。学習内容によって、個→ペア→グループなどの形態も活用できると思います。友だちが発見したものを自分でも見つけてみようとしたり、自分が発見したものを教えてあげたりします。

外での活動のときは、まず学年みんなで集まります。活動内容を確認してそれぞれが観察します。時間になると集まって、気づいたことを

出し合います。このときに模造紙や使用済みの紙の裏などを利用して校舎の壁などに貼りつけ、子どもから出たものを具体的に書き出します。1人の教師が話を進め、もう1人の教師が子どもたちから出されたものを書き出します。そしてもう一度さがすという具合です。書き出した紙は、記録として廊下などに掲示しておきます。

・見つけたことや気づいたことなどは、絵と文でまとめておく。

まとめたものを貼り合わせて絵本にしたり、綴じたりすると、学習の振り返りができます。一番薄い画用紙をそのまま使うと便利です。

・日常生活の中でも、教師が自然を教室に持ち込む。

朝の会などで、ちょっとしたことを話題にします。教師が紹介したものは、子どもたちがすぐに見つけてきてくれます。教師が意識して子どもたちに話してあげることが、子どもたちの目を身の回りの自然に向ける一番の近道だと思います。

冬芽の観察の実際（指導計画の４）

T：校庭の木って、今どうなっているのかな？
C：葉っぱが落ちてしまっている。
C：きれいじゃない。
C：サザンカは、花が咲いている。
C：緑色の葉っぱがついている木もある。
　（「え～、ないよう」という声も）
T：じゃあ葉っぱも花もない木は、枯れてしまったのかな？

・枯れてしまった（２人）
　理由…何もないから。

・枯れていない（24人）
　理由…木がある。枝がある。春になるとまた花が咲く。葉っぱも出てくる。

枯れていると言っていた子に対して、ほとんどの子どもが枯れていないと言っていました。

こんな話をした後、みんなでベランダに出て校庭の木を見てみることにしました。ポプラの大きな木がよく見えます。葉は落ちてしまい、枝ばかりです。

C：やっぱり何もないよ。
C：でもこの木（下を見ながら）、葉っぱがちゃんとあるよ。
C：葉っぱがないのとあるのがあるね。

冬でも緑色の葉がちゃんとついていたり、サザンカのように花が咲いたりしている木もあるし、葉も花もなくて何もついていない木もあることを改めて確認しました。

●サクラの観察

事前に切っておいた１本のサクラの枝を見せます。

> この木はサクラです。
> サクラの木は、枯れてしまったのでしょうか。

（「枯れていない」という声）
C：だって春になるとまた花が咲くよ。
C：枝に何かついているよ。
　（枝についている芽に気づく子どもたち）
T：これ、何かな？
C：つぼみ。つぼみがついている。
C：実だよ。
T：中に何があるのかな？
C：花のもと。花びら。葉っぱ。たね。サクラのたね。

そこで、サクラの芽をカッターで切ったものを１つずつ渡してあげました。サクラの小さな芽を大事そうに持って見ている子どもたち。

虫めがねでよく見る
さわる ───── **よく観察させます。**
においをかぐ

子どもたちは、次のようないろいろなことに気がつきました。

- ・外がわがザラザラしている
- ・たけのこみたい
- ・中に葉っぱみたいなものが入っている
- ・緑色
- ・黄色いものもある
- ・キャベツみたい
- ・しめっぽい
- ・枝のにおいがする

　どうやら中には、花や葉のようなものが入っていることがわかりました。しかし、サクラの芽では小さくてわかりづらいので、大きな芽で見てみることにしました。モクレンの芽を観察します。花芽と葉芽がありますが、はっきりと区別するのは難しいので、ここではそこまで区別しませんでした。

●モクレンの観察

　モクレンの芽をカッターで切ったものを渡します。切った瞬間ににおいがしてくるので、子どもたちにぜひ自分で切らせてみたいと思いました。切ってみると外側がかたいことも実感できます。

　1人に1つずつ渡すと、サクラより大きくてよくわかるので、みんな「わぁっ」と歓声をあげました。

　サクラのときと同じように、虫めがねで見る・

外側内側をさわってみる・においをかぐなどして観察しました。

- （外側）ざらざら　　かたい
- 　　　　毛が生えている　　ふわふわ
- 　　　　ハムスターをさわっているみたい
- （内側）花みたい　　キャベツみたい
- 　　　　やわらかい　　しめっぽい
- 　　　　くさい　　すっぱいにおい

　外はかたいのに、中は柔らかくしめっぽい、花のようなものがあることを確認しました。

　そこで、サクラもモクレンもこの芽を「冬芽」ということを教えました。冬芽の中には、種ではなくて花や葉のもとが入っていること、春になって花が咲く準備をしていることを話しました。

冬芽……中には花や葉っぱが入っている

　「どうして外側がかたくて、毛が生えているのかな？」と問いかけると、

- ・さむさからまもっている
- ・つめたい風からまもっている
- ・おふとんがわり
- ・コートをきている

などの声が聞かれました。最後に観察したことを絵と文でまとめました（写真1・2）。

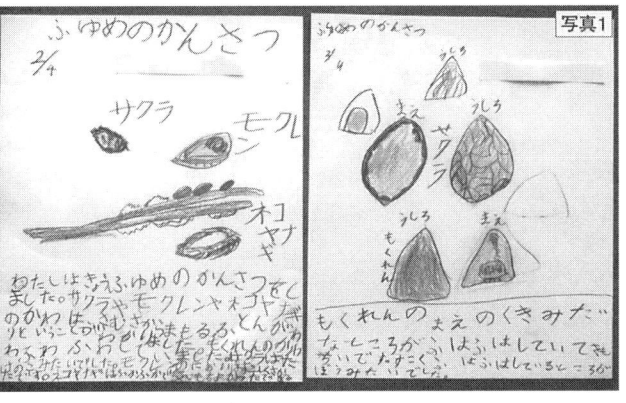

写真1

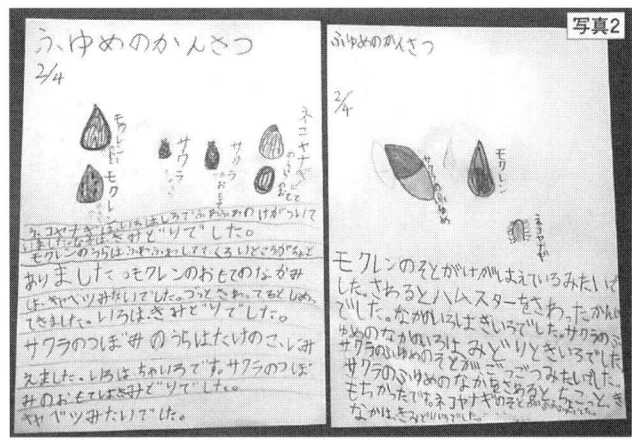

写真2

ほかの冬芽も見つけてみよう
（指導計画の５）

まず『ふゆめがっしょうだん』（かがくのとも傑作集・福音館書店）の読み聞かせを行いました。その後、校庭に出ていろいろな木を見て冬芽をさがしてみました。たまたまこの日、朝

いと思い、試みました。小さな冬芽のまわりを粘土で固定して子どもたちに切らせてみました。固定されているので冬芽自体は転がることもなく安全に切れたのですが、残念ながら油粘土のにおいがしてしまい、冬芽のにおいを体感することはできませんでした。

何かよい方法があればと思っています。

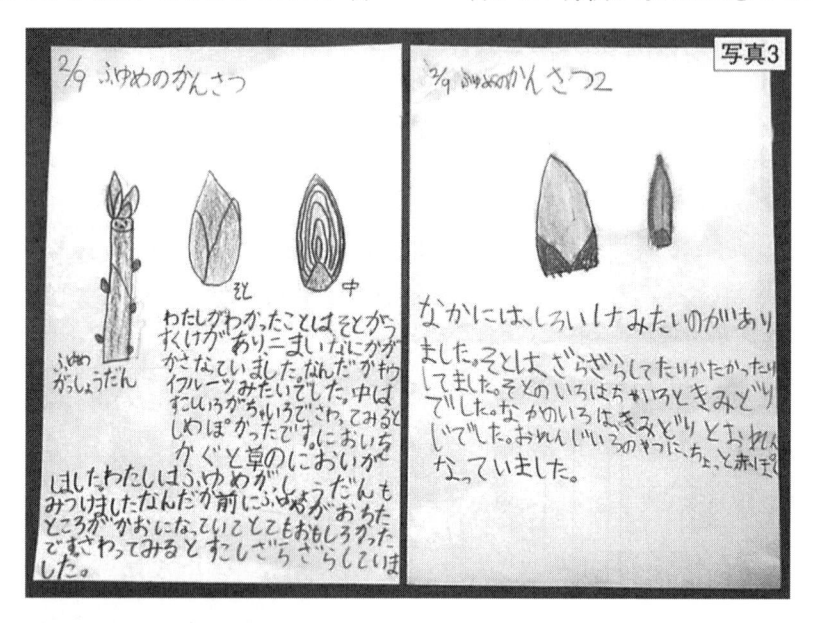

写真3

写真4

から雪が少し降っていたのですが、子どもたちは夢中で冬芽をさがしていました。『ふゆめがっしょうだん』と同じもの（葉柄が落ちた跡が顔のように見えるもの）を見つけて喜んでいる子、「ここにもあるよ」と教え合う子どもたち、みんな一生懸命さがしていました（写真3・4）。

モクレンを切った瞬間のにおいを体験させた

冬芽から花がひらいた
（指導計画の６）

サクラ（写真5）とモクレン（写真6）を観察したとき、枝を1本ずつ教室の花瓶にさしておきました。教室の中は暖かいので、日ごとに芽がふくらんでいくのがわかりました。そして、外よりも一足早く花が咲いたときには、感激でした。「あったかくなって、コートをぬいだんだね」「春って気がするね」とつぶやいていました。やっぱり花が入っていたんだということを確認することができました（写真7）。

写真5　写真6

最後に『さくら』（かがくのとも・福音館書店）の本の読み聞かせをしました。

2016年は、冬芽の観察を中心に行ってきましたが、予想以上に子どもたちは興味をもって活動することができました。登下校のときに、剪定した後の落ちている枝を拾ってくる子どもたちが何人もいました。

3月末、きれいに開花したサクラの花を見たとき、これまでとは違った感慨深いものがありました。

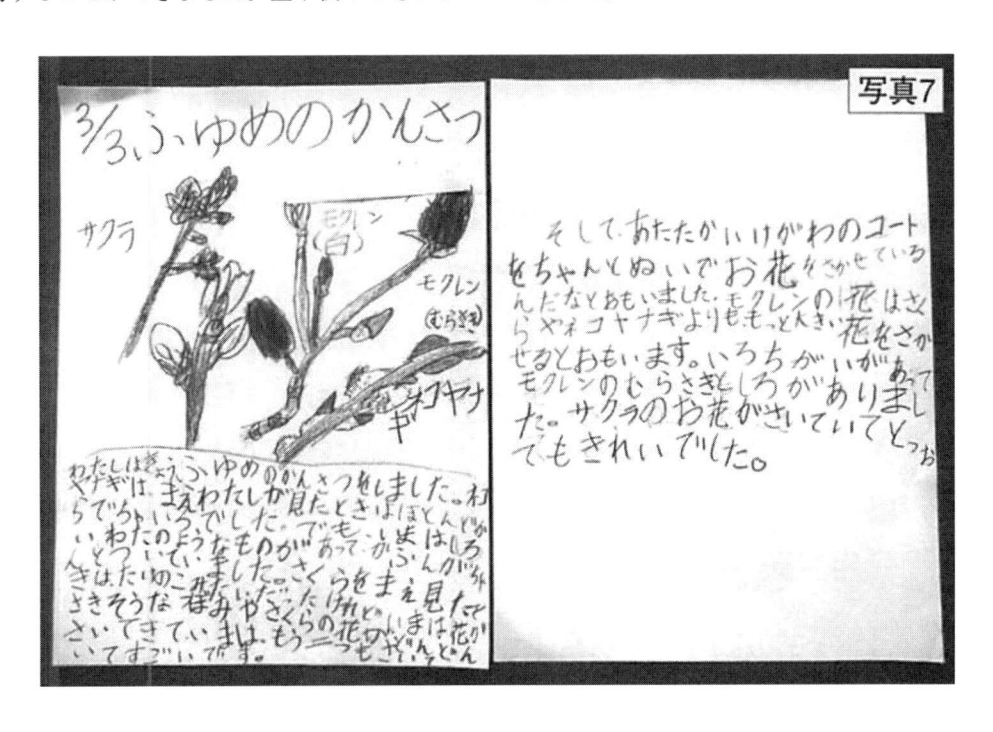

口の中を探検しよう（歯の学習）

東京・足立理科サークル

栗城 有子

これまで、1年生を何回か受け持ったが、ここ10年くらいは必ず2学期頃に生活科で歯について学習するようにしていた。

2014年は、学年の先生方の「体について学習してみたい」という希望もあって学校の研究授業で歯について取り上げることにした。

この時期の児童は、乳歯が抜けて永久歯と生え変わったり、6歳臼歯が生えたりする大切な時期である。毎日のように「歯が抜けたよ」とだれかが言いにくる。ほとんどの児童が自分の歯が抜けてびっくりしたり、歯が抜けたために物が噛み切れなかったり、空気がもれて話しづらかったりした経験をしている。学級指導で虫歯予防の立場から歯磨き指導をしたり、給食指導として片寄らない食事の指導をしたりする学校が多いと思う。しかし、生活科の「体の学習」として歯のことを取り上げ、乳歯が永久歯と生えかわる一生に1度しかないこの時期の児童に消化器管の一部としての歯の働きや丈夫な歯を作ることの大切さを認識させることは、重要なことだと考え、この単元を設定した。

授業研究にあたり、学習指導要領のどこに位置付けるのかということが問題となったが、生活科教科書下「自分はっけん」の中に位置付けることにした。

また、2年生の2学期に歯の学習の続きとして、「食べ物のとおりみち」について学習していく予定である。人間もほかの生き物と同じように生き・成長するために食べ、体の中に食物の通り道があり、栄養を取って、最後はうんちになって出てくることを教えることで、低学年なりに自分の体に興味・関心を持ち、自分自身で健康的な生活をおくれるような力が育つようにしていきたいと考えている。

授業するにあたって　学年として大事にしたこと

○感動する体験をさせることで、言いたい、書きたいという意欲を育てていく。

1年生の2学期はひらがなを覚え、やっと文章が書けるようになってくるころである。書けない子には、具体的にわかりやすく書けた児童の文章を読んでやったり、学級通信にのせて紹介したりしながら、どの子も意欲的に書けるようにしていく。

○自分の歯がどうなっているのか、その歯が体を作るためにどのように役立っているのかを知るために、リンゴを実際に食べる活動を取り入れ歯の働きに気づかせる。

○人間も動物だということ、他の動物と似ているところや違うところに気づかせるために哺乳動物（肉食動物・草食動物）の頭骨を国立科学博物館等から借りて授業の最後に見せる。

単元の目標

・歯の働きに興味を持つことができる。【関心・意欲・態度】項目として。

・歯の働きについて考え、気づいたことを文章で表現したり、自分の考えを発表したりすることができる。【思考・表現】項目として。

・食べ物によって歯の働きが違うことに気づくことができる。【気づき】項目として。

指導計画（3時間）

1. 口の中の様子を調べ、絵と文でまとめる。
　　（歯、舌、のど、つば、くちびる、あご）

2．口の働きを知る。

（前歯、奥歯、糸切り歯、舌）

3．丈夫な歯を作る手だてを知る。

（つくる、まもる）

授業記録

●第 *1* 時間目

> じぶんのくちのなかがどうなっているかしら
> べよう

T：鏡を見ながら、口の中がどうなっているか
　　しらべてみるよ。色や形や模様をよく見て
　　ね。

（1人ひとりに鏡を渡す）

T：どんなことがわかったかな？ 発表してくだ
　　さい。

C：歯がある。

C：前歯は横から見るとやせてる。

C：奥歯は、太ってる。

C：奥歯は、横から見ると、ハートの形。

C：奥歯は、四角い。

C：とんがった歯がある。

C：大人の歯。こどもの歯がある。

C：べろは、前に出すと山みたいな形。

C：のどちんこがある。

C：べろにぶつぶつがある。

C：おくのほうが暗くて見えない。

C：つばがでる。

T：お友だちがつばのことをいってくれたね。
　　みんなもつばが出ているかラムネを食べて
　　調べてみよう。

（ラムネを1つずつ配る）

T：つばが出るかゆっくりなめて確かめてみて
　　ね。（ワイワイ言いながら楽しそうになめ
　　ていた）

T：きょうの勉強でわかったこと、発見したこ
　　とを絵と文で書いてね。

みつけたよカードから

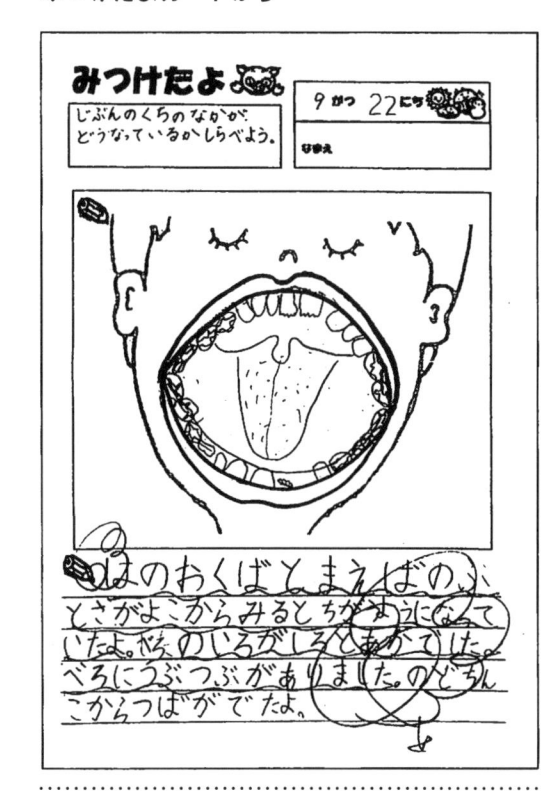

> はが、いろんなかたちがありました。のどち
> んこがまるくてちょっとほそかったです。のど
> ちんこは、さいしょきいたときそんなのないと
> おもってました。だけど、かがみをみたらあり
> ました。

> ラムネをたべるときは、つばでとかしてたべ
> ていた。べろは、まえにだすとやまみたいなか
> たちだった。べろのおくにぶつぶつがあった。
> そのぶつぶつは、ざらざらしてた。

> おくのはが、しかくかった。さんかくのはが
> あった。べろのしたがむらさきいろだった。の
> どのおくにつららみたいなものがあった。

> ラムネをなんかいもなめないで、一かいだけ
> なめただけでつばがでちゃった。はは、まえか
> らだとちょっとおなじなのに、よこからみたら
> まえばのほうがやせていて、おくばはまえばよ
> りふとってた。

●第2時間目

> はは、どんなしごとをしているのか、しらべてみよう。

T：はは、どんな仕事をしているのかな。

C：かむ。

C：かみ砕く。

C：細かくする。

C：かたいものを食べる。

C：ドロドロにする。

C：ばらばらにする。

C：すりつぶす。

C：かみきる。

T：今日はね、みんなが言うようにかみ砕いたり、すりつぶしたりしているか、リンゴを食べながら調べてみよう。

　　でも、「あーおいしい、おいしい」とだけ言って食べても勉強にならないので、食べるときのポイントを言います。

　　1つ、食べるときにどの歯をどんなふうに使っているか。

　　2つ、ごっくんするまで、舌は、どんなふうに動いているか。

　　この2つを考えながら食べてみてね。

（6分の1に切ったリンゴを配る）

　子どもたちは2つのめあてを確かめようと、真剣に確かめながら食べていた。

T：リンゴを食べてみて、どんなことがわかったかな。

C：前歯で、ちぎってた。

C：全部の歯を使ってた。

C：最初、前歯と糸切り歯でかみきって、その次にだんだん奥歯に送られてた。

C：奥歯で細かくして、「もういいよ」ていう

ぐらいになるとごっくんしてた。

C：えらが動いて上下に動いた。

C：奥歯で食べてたら、ドロドロになった。

C：糸切り歯でかんだら、汁がじゅわあって出た。

C：細かくなったら舌が奥に運んでた。

C：前歯でかむより奥歯のほうが食べやすかった。

T：今日勉強してわかったこと、見つけたこと、気がついたことを、みつけたよカードに書いてみよう。

T：最後に、みんなに見せたいものがあります。

（布をかぶせたオオカミと馬の頭骨を用意）

（子どもたちを前に集める）

T：動物の骨を用意しました。一つは、お肉ばっかり食べている動物で、もう一つは、草ばっかり食べている動物です。

C：ウサギ。

C：パンダ。

C：ようりゅう。

C：ライオン。

T：お肉ばっかり食べてる動物の歯はどうなってると思う？

C：とんがってる。

（まず、オオカミの頭骨の布をとって見せた）

　えーっ、おーっと歓声が上がった。初めて見る頭骨に興味津々。

T：これは、オオカミの頭の骨です。歯を見て気がついたことはありますか？

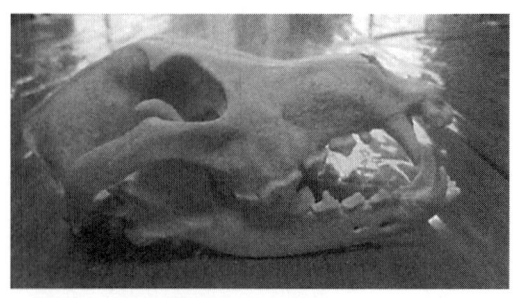

オオカミの頭骨

C：とんがってる。

C：糸切り歯がいっぱい。

（次に、ウマの頭骨の布をとる）

T：こっちは、ウマの頭の骨です。

　でっかい、すごいとびっくりしていた。

T：歯の形で気がついたことはありますか？

C：ウマの歯はとんがってない。

C：前歯も奥歯だ。

C：奥歯ばっかり。

T：2つの動物の歯を見てわかったことがありますか？

C：食べるもので歯の形が違う。

C：人間はいろんな歯がある。

T：人間は、お肉も野菜もいろいろなものを食べるから、いろいろな形の歯があるんだね。

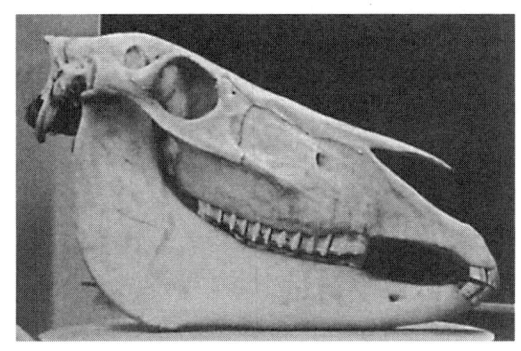

ウマの頭骨

みつけたよカードから

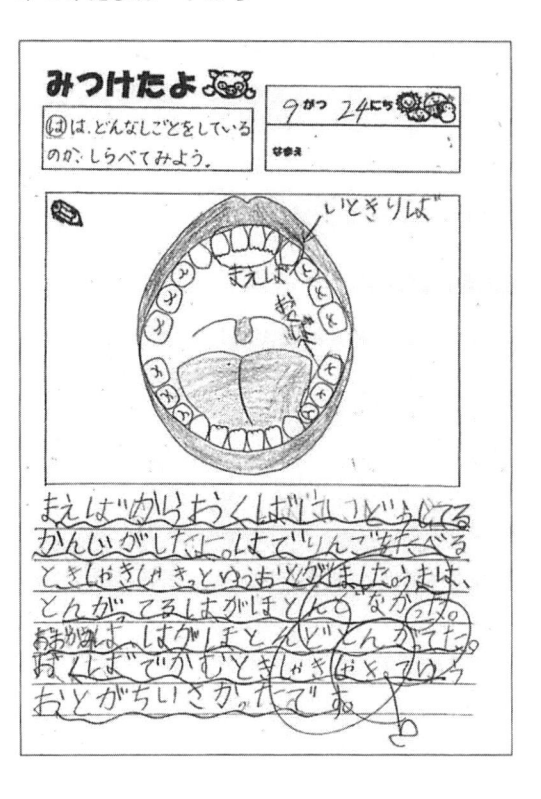

> まえばでちぎって、つぎおくばでこまかくしました。したでのどまでおくってのみこみました。おおかみのはは、とんがってる。うまのはは、にんげんのおくばにそっくりだった。まえばでかむとしゃきっとおとだったけど、おくばでかむとかりっとおとがした。

> ぜんぶのはをつかっていたけれど、さいしょはまえばをつかった。かんでたらきゅうにのみこんだかんじがした。うまのはがこんなだとは、しらなかった。うまのはが、とんがってなかったのがびっくりした。おおかみは、いときりばがいっぱいあった。

> まずさいしょにまえばといときりばでかみきって、そのつぎにだんだんおくばにおくられて、くだいて、したのおかげで、のどのなかにきえていきました。それで、かみきるときに、まえばのところから、シャリっといいおとがしました。

（3時間目の授業記録は割愛）

●授業を終えて

①今までは、個人的に実践してきたが、学年で取り組めたことで、子どもたちの思考をより深く分析することができた。

②ラムネをなめる、リンゴを食べる、頭骨を見るなど自分で体験したり、実物を見ることができたことで、五感を使って学ぶことができた。

③文章を書くのが苦手な子も、活動の場が多く興味がもてる課題だったので、意欲的に書くことができた。

　今回だけではなく、発見したことを「みつけたよカード」に書くことをとても大事にしながら指導を続けてきた。

　低学年では、自分の発見したことや考えたことなどを、自分の言葉で書けるようにしていき

たいと考えている。文を綴ることは、国語の時間だけではなく、できるだけいろいろな場面で取り上げるようにしている。特に、生活科では、みんなでいっしょに感動するような楽しい体験をすることができる。その中で、自分が見つけた事実を詳しく書くことを続けることで、書く力がどんどん伸びていく。

また、書かせることで、子どもたちの認識がどのように深まったのか、間違ってとらえていることは何なのか等を具体的に知ることができるので、次の指導に役立てることができる。

2年生では、「食べ物のとおりみち」を学習していきたいと思っている。

2年生での単元の目標

・食べ物と健康の関係に興味を持ち、毎日の生活で、実践しようとする。【関心・意欲・態度】として。
・毎日の食事や健康について考え、気づいたことを文章で表現したり、自分の考えを発表したりすることができる。【思考・判断】に。
・食べ物と健康について理解することができる。【気づき】の具体的な内容として。

2年生での指導計画例（6時間）

1. 口の中を調べて食べ物の入り口であることを確かめ、絵と文でまとめる。
2. 体の中には、胃があることを知る。トウモロコシの粒を給食で食べて、排便調べとうんちの観察をする。
3. 模型や絵本を見て、体の中の食べ物の通り道を知る。
4. 大便は、食べ物の残りかすであることを知る。
5. おしっこは、どんなものか知る。
6. 好き嫌いなく食べることの大切さを知る。

2年前に受け持った2年生の子どもたちは、1～2年と体の学習をしたことで、「人間の体ってすごい」と言って、自分の体を知ることに興

味を持つようになった。また、おならや、うんち、おしっこを汚いものだと言ったり、そのことで友だちをからかったりしなくなった。

こうしたことから、体の学習を低学年で取り組むことに意味があったと思う。

[参考文献など]
・自然科学教育研究所編『見つける・つくる生活科（1）』星の環会
・かこ さとし 著　かこさとし・からだの本3『むしばミュータンスのぼうけん』童心社

[借りた標本と連絡先]
※国立科学博物館（電話03-5814-9880）
・現生哺乳類頭骨セット（貸出期間は2週間）費用は、送料のみで、当時は3200円でした。（オオカミ・イノシシ・ビーバー・サル・ヒト）
※ウマの頭骨は知人から借用
※本誌掲載のウマの頭骨写真提供は、鷹取 健 氏[生物学教育研究サークル（東京生物サークル）]

[編集担当注]
※動物の頭骨標本借用は、次の施設からも可能です。各ホームページから電話番号をどうぞ。
・広島市安佐動物公園
・北海道旭川市旭山動物園
・山口県周南市徳山動物園
・高知県立のいち動物公園

参考資料　オオカミ頭骨その2

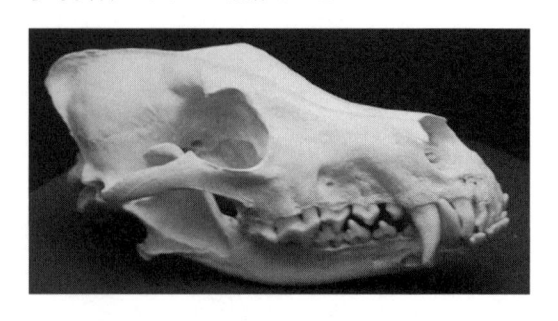

ぼくのからだ、わたしのからだ

～子どもたちは知りたがっている～

自然科学教育研究所

高橋 真由美

1. 子どもたちの体が大変！

朝から大あくび、ちょっと走っただけで「疲れたあ」と座り込む子。朝ごはんを食べていなかったり、排便してこなかったりで、おなかが痛いと訴える子。給食のときほとんど食べずにおしゃべりばかり、好き嫌いの多い子。家での遊びはゲームばかりで、外で駆け回って遊ぶことが少ない子・・・。

久しぶりに担任した1年生のこんな実態を見て、以前からサークルで聞いていた「からだの学習」に取り組む必要を感じました。自分たちが食べ物を食べて成長していること。食べたものが口から体の中の1本の管を通っていくこと。食べ物のかすがうんちになること。こういう自分の体の事実を知ることで、健康を考える土台をつくりたいと思ったのです。低学年では、友だちどうしで体をさわったり、見合ったりする学習が可能であり、自分たちの体の事実を、実感を通して学ぶことができると思いました。

初めは、健康診断などがおわった頃の6月に実践しました。体を検査する意味と関わらせての実践でした。その後は、生活科の年間計画をふまえて3学期に実践するようになりました。1年生の3学期の方が、子どもたちの関係もできており、学んだことを文章で表現することもできました。

2年生でも自分の体には、骨や筋肉が全身にあること。体の成長は、骨や筋肉が成長しているということ。こうした事実を学び、丈夫な体をつくっていくにはどうしたら良いか学習してきました。

2. 1年生では「食べること」を

「給食の残菜がほとんどない」そんな2年生のクラスを担任したことがある。とにかくよく話し、外でよく遊ぶクラスだった。よく食べることは、こうした活動的な子どもたちを育てると思った。食べることは成長のために必要不可欠なことであり、「食べる」ことにかかわる体の仕組みを知ることが、健康な体をつくる基本になると考えた。そこで、この単元の学習内容をつぎのようにした。

単元名は「たべもののとおりみち」

ー学習内容ー

・体にはいろいろなところがあり、それぞれ名前がついている。

・生まれたときより身長も体重も大きくなっている。

・歯は食べ物をかみくだき、すりつぶしている。

・体の中に食べ物が通る管がある。

・うんちは食べ物の残りかすである。

・おしっこは体のいらない物を捨てている。

ー指導計画ー （全7時間）

○体のいろいろな場所の名前を見つける。

・・・1時間

○発育測定の記録と生まれたときの身長、体重を比べる。 ・・・2時間

○口の中には歯や舌があり、歯は食べ物をかみ砕き、細かくしていることを確かめる。

・・・1時間

○体の中には、食べ物の通る管があり、うんちは食べ物の残りかすであることを知る。

・・・2時間

○おしっこは、体の中のいらなくなったものをすてている。 ・・・1時間

自分の体に目を向けよう

1 時間目 ねらい：体のいろいろな場所の名前を見つける。

「鼻・鼻・鼻・・・耳」「鼻・鼻・鼻・・・ほっぺた」ゲームをしながら、体のいろいろなところに手をやり、名前を確かめていった。初めは教師が前に出てやってみせ、やり方が分かったら、やりたい子にバトンタッチ。〈一度さわったところはなし〉のルールで進めた。子どもたちは大はしゃぎだった。体に関心を向けるためにこんなスタートをした。

いくつかやった後、体の輪郭図を黒板に貼り、知っている名前を発表し、話し合いながら図に書き入れた。「ここへそ」「手のひら」「こっちは？」「手の表？」「手の甲っていうよ」「この指、薬指っていうんだよ。この指で薬をビンからとって塗ったんだって。おばあちゃんが言ってた。」「ここすねっていうんでしょ。」「こっちはふくらはぎ」「力入れるとかたくなるよ。」「ここにぐりぐりがある。」「くるぶし」「ぼくもある！」知ってることをみんなに教えたり、自分の体にあるものを発見したり子どもたちは自分の体をあらためてよく見て、よくさわっていった。授業の最後は必ず、今日やったことをノートに書かせた。

ー子どものノートー

〈からだの名まえをしらべたよ〉きょう、からだの名まえみつけをしました。おもしろかったです。おなか、ほっぺ、ほかにもたくさんありました。はじめてしったのが２こありました。くるぶしとつまさきです。みんなからしらないところをおしえてもらいました。わたしは、わきの下をいいました。(M)

この授業のあとも家の人に聞いたり、図鑑で調べたりして「みいつけた」(自然みつけの発表の場)で報告があった。例えば、「ここは、こめかみといって、ごはんをかんだりすると動くの。」実演しながら話してくれた。こうした発表は、教室に掲示した体の輪郭図(授業で使ったもの)に書き入れていった。

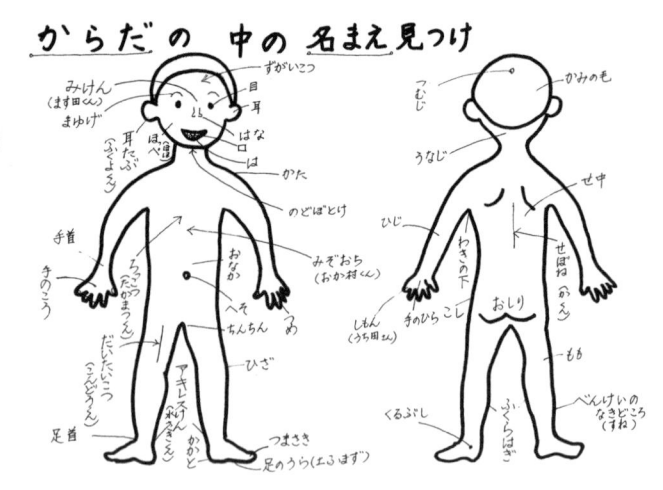

みんな赤ちゃんのときより大きくなったよ

2・3 時間目 ねらい：発育測定の記録と生まれたときの身長、体重を比べる。

生まれたときの身長と同じ長さに赤いテープを切り、一人一人に配った。あらかじめ、この学習のことを学級通信で家の人に知らせ、生まれたときの身長を子どもに聞かれたら教えてほしいと頼んでおいた。分からないときは「50cmぐらいで良いです。」とお願いした。こうした準備ができない場合は、50cmの長さのテープを全員に配って取り組んだこともあった。

「赤ちゃんのときの長さは、今のズボンの長さしかない。」「赤ちゃんのときはこうちゃんの方が大きかった。今はぼくの方」テープと自分の今の背たけや友だちのテープと比べて、気がついたことを話し合った。

つぎに、今の身長と同じ長さの緑のテープを配り、模造紙を細長く切った台紙に赤いテープと、緑のテープを並べて貼った。

「赤ちゃんのときより今の方がずっと大きい。」「赤ちゃんのときと比べて余った緑のところが、赤ちゃんのときより大きい。」「赤ちゃんの身長分よりも大きくなったんだね。」こうした話し合いの後、台紙に貼ったものを全員分黒板に並べた。これを見て、「赤ちゃんの身長も今の身長もみんな違うけど、みんな赤ちゃんのときよりずーっと大きくなっている。」という意見が出た。この発見がとても大事だと思った。

この時間では、各自が成長しているという事実をとらえることがねらいだ。でも、それだけではなく、成長には個人差があることを大切にしたいと思った。成長の様子は一人一人違う。それが、不安になったり、友だちを傷つける言葉にならないようにしたいと思った。そこで、あきちゃんのこの発言がとても大事だった。もしこの気づきが子どもから出なかったら、わたしから出したいと思っていた。

この時間は、養護の先生と先生が作った赤ちゃん人形も参加した。赤ちゃん人形は、約3kgでみんなの生まれたときの体重と同じくらいという紹介だった。赤ちゃん人形も一人ずつ抱いた。養護の先生から、赤ちゃんがおなかにいるときのお母さんの様子も話された。

－子どものノート－

〈しんちょうのびたよ〉しんちょうのべんきょうをしました。みんなのしんちょうが、いろいろちがいました。でも、みんな赤ちゃんのときより、しんちょうがのびていました。赤ちゃんにんぎょうもだきました。かるいです。かわいいです。じぶんもあんなだったのかな。（T）

歯でかんだら、音が小さくなったよ

4時間目　ねらい：口の中には歯や舌があり、歯は食べ物をかみ砕き、細かくしていることを確かめる。

前の時間に身長や体重の伸びから、成長している事実をとらえた。そして、この時間は、まず、成長できたのは食べたり飲んだりしたからだと話し合った。次に、食べ物・飲み物が最初に入る口の中を鏡を使って観察し、絵に描いたり気づいたことを発表した。のどの奥に穴、のどちんこ、ベロそして歯。「前歯に四つピーマンのような形の歯がある。」「ごはん粒みたいな形の歯もある」「奥歯の一個奥にちょっと小さい歯があった。抜けてもいないのに出てきたの。」歯についての話し合いを広げた。この時間は特に、歯が食べ物をかんで細かくしていることを

実感させたいと考えたからだ。そこで、たくわんを一切れずつ配って食べさせた。少しずつ切って食べるようにいった。「たくわんを奥歯でかんでたら、初めはこりこり音がしてたのに、音がなくなった。」「奥歯でかんでたから、たくわんが軟らかくなったんだ。」という発見があった。授業で食べ物を使うことが難しいときは、給食の時間にかたいものをみんなで同時に食べて食べ物が、細かくなったり、やわらかくなっていくことを体験させておくと良いと思う。

－子どものノート－

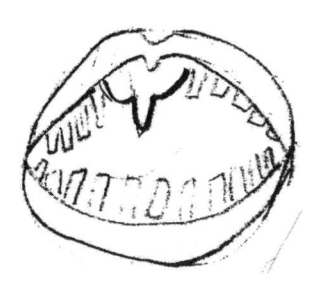

〈口の中ではっけん〉きょう、口の中を見てどうやってかむかしらべました。どうやってかむかというと、ぜんぶのはをつかいました。ぼくのはは、ぜんぶで23本ありました。たくわんをかんだら、はじめは、ぼりっって音がしました。おくばでかんでたら、こりこり音がしてたのにだんだん音が小さくなってきました。どうしてかというと、はでかんだからたくわんがやわらかくなったからです。（K）

やわらかくなった食べ物はどこへ

5・6時間目　ねらい：体の中には、食べ物の通る管があり、うんちは食べ物の残りかすであることを知る。

歯でかんで、軟らかくなった食べ物は、おなかの中に行くことはみんな納得した。見えないけど、感じるという意見があった。「じゃあ、今日はパンを食べてパンがどんなふうにおなかに入っていくか、感じてみよう」ということで、パンを一切れずつ配った。これも給食以外で食べ物を持ち込むことが無理な場合は、給食のときにパンを飲み込んだときのことを意識させておくと良いと思う。

「パンを飲み込むときに、のどに手を当てて

飲み込むとパンがおなかに落ちていく瞬間が頭に浮かんできた。」「パンを飲みこむ時にのどに手を当てていたら、飲んだ瞬間に、のどがふくらんだ。」「パンを飲み込んで、パンがここ（食道の辺り）を通った感じがした。」「パンを飲み込んで、パンがのどのところを通るときに、のどがふくらんでパンが落ちていく感じがした。」こうした話し合いの後、のどから先は、食べたものがどうなるのか考えて、体の輪郭図に描くことにした。黒板に体の輪郭図を描いた模造紙を貼り「口からのどのところくらいまでは分かったのね。」と、図に書き込んだ。子どもたちにも、体の輪郭図を印刷したＢ５サイズの画用紙を配った。そこに自分の考えを描き込ませた。そして、教材提示装置を使って、それを見せながら話し合った。

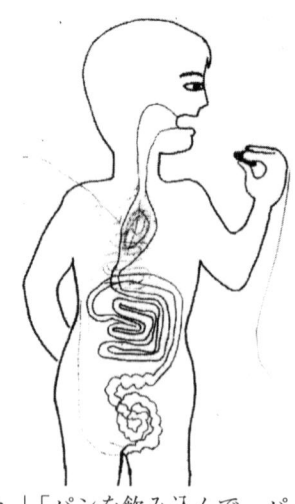

「ここ（口からつながった管）で消化されて、ここをくねくねって、ここでうんちになるの。」「ぼくも似ていて、ここ（口からつながった管）を通って、ここ（胃袋のようなところ）で、どろどろになっていくの。」

「ここ（口からつながった管）を通って、ここのところで栄養になるものとならないものに分かれて、栄養になるものはこっちにいって、栄養にならないものは、ここにいってくねくねいって、うんちになる。」「ぼくも別れると思った。ここで栄養のあるものとないのに分かれて、ここが栄養にたまるところで後は、こういってうんちになる。」「口から入って、脳にいいものはこっちに行った後、栄養になるものはこっちに行ったり、こういったりする。」

子どもたちの意見を整理していくつかの言葉を板書した。「どろどろ」「消化」「上にもどって下に行く」「うんち」など。このあと、『たべもの

のたび』（かこさとし）の一部を読み聞かせした。その後、黒板に貼った模造紙の図の続きを描き込み、「食べ物の通り道が１本の管でつながっていること、うんちは食べ物の残りかすであること」を押さえた。読み

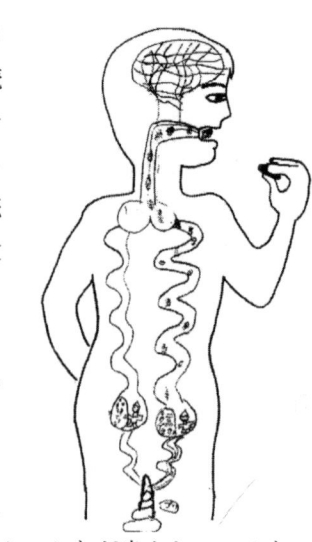

聞かせする本は、このことが書かれているものなら他のものでも良い。図書館には、体のことが書かれた児童書が多くあるので手に入るものを使うと良いと思う。

最後に、自分の体を触って、おへその辺りが胃、その下が腸であることも確かめた。「胃の辺りが痛かったら、おなかがすいたか、胃の調子が悪いか。腸の辺りが痛かったら、うんちが出たがっているのかもしれないね。うんちはたべものの残りかすだから、からだから出した方がいいね。」こんな話もした。

－子どものノート－

〈たべものがどのみちをとおるかしらべたよ〉
さいしょにパンをたべました。ごくっていう音がしました。とおるみちは一本でした。たべものをどろどろにするところは、いぶくろです。だいちょうでうんちになります。しょうちょうはぐるぐるです。本でしらべました。おもしろかったです。（Ｋｉ）
〈たべもののとおりみちをしらべたよ〉
からだの中をしらべました。からだの中にはいろいろな名まえがありました。いぶくろ、だいちょうなどたくさんありました。いぶくろは、いぶくろにきたたべものをとかすところです。しょうちょうは、いぶくろのつぎにあるめいろみたいなところです。そのつぎにあるのが、だいちょうです。本でしらべました。たべもののとおりみちはいっぽんみちでした。（Ｈ）

おしっこは何かな

7 時間目　ねらい：おしっこは、体の中のいらなくなったものをすてている。

　うんちがたべものの残りかすであることが分かった。「ではおしっこは何だろう」子どもたちの意見は「飲み物。飲み物をたくさん飲むとおしっこがしたくなる」「飲まなくてもおしっこに行きたくなるから違うかも」「でも、飲み物をいっぱい飲みすぎるとおしっこもいっぱい出るから、やっぱり飲み物だと思う」「何で牛乳とか飲んでも黄色いおしっこで、白いおしっこにならないの？」という質問もあった。「飲み物とかがそのままおしっこになるんじゃなくて大腸とかで腐っておしっこになると思う」「体のどっかで黄色いおしっこになって出てくると思う」みんなの考えをもとに話し合ってから、『おしっこのふしぎ』（伊東三吾）を読み聞かせした。

ー子どものノートー

〈いらなくなったもの〉
おしっこのことをしらべました。おしっこはじんぞうでつくられます。おしっこはいらなくなった水ぶんやえいようのかすでした。いらないものだから、からだからすててました。じんぞうは2つありました。体にいらないものをすてるだいじなばしょでした。だから、2つありました。(A)

3. 2年生では「ほねときんにく」を

　上記のように1年生で体の学習をして持ち上がりの2年生では、「ほねときんにく」の学習をした。活動範囲が広がるこの時期に「骨と筋肉があって運動ができる」ことを知り、「好き嫌いせずに食べ、たくさん動くことでじょうぶな骨や筋肉になること」を学び、体をたくさん動かして遊ぶ子になってほしいと思った。

　以下の学習内容で取り組んだ。2年生で「たべもののとおりみち」の実践も聞いたことがある。1年生で学習していなければ、「たべののとおりみち」を行うのも良いと思う。

ー学習内容ー
・体中に筋肉がある。
・体にはたくさんの骨がある。
・骨も成長する。

ー指導計画ー　（全5時間）
○筋肉を探そう　　　　　　　　・・・1時間
　（筋肉は力を入れるとかたくなる）
○骨を探そう　　　　　　　　　・・・2時間
　（骨と筋肉があって、体が動く）
○体の成長をしらべよう　　　　・・・2時間
　（骨も筋肉も成長している）

筋肉を探そう

1 時間目　ねらい：体中に筋肉があって、力を入れると筋肉はかたくなる。

　初めに、ふくらはぎやももなどの大きな筋肉に、力を入れてかたくなることを確認した。「筋肉は力を入れるとかたくなる」ことをもとに、全身の筋肉さがしをした。各自に体の輪郭図を描いた用紙を配り、自分の体で見つけた筋肉を描かせた。それをもとに話し合い、全員で筋肉を触ったり友だちと見合ったりして、確認していった。最後に今日やったことをノートに書いた。

骨を探そう

2・3 時間目　ねらい：体にはたくさんの骨があり、体は骨と筋肉で動く。

　起立して、立っていられるのは筋肉だけでなく骨があることを話し合った。骨があると思うところを前時の図に書き込ませ、発表してみんなで確かめていった。その後、骨格標本で確認した。最後に、「人の体は、骨と筋肉があって動く」ことが書かれている絵本でその内容部分を読み聞かせした。（例：『ほねがつよいこ　じょうぶなこ』杉浦保夫）最後に今日やったことをノートに書いた。

体の成長を調べよう①

4時間目　ねらい：みんな身長が伸びている。

「たべもののとおりみち」では、生まれた時の身長と1年生の身長を比べた。ここでは、入学した頃の身長と今の身長を比べた。同じように、色の違うテープで比べた。1年生の時よりのびた長さは違っても、みんな背が伸びていることを確かめた。やったことをノートに書いた。

体の成長を調べよう②

5時間目　ねらい：骨も筋肉も成長する。

背がのびたということは、体のいろいろなところが大きくなっていることを話し合った。そして、かたい骨も本当に伸びているのかを調べることにした。クラスで一番背が高い教師の「くるぶしから膝の長さ」「手首から肘までの長さ」にそれぞれ工作用紙を3cmの幅で切ったものを各班に配った。各自、自分のくるぶしから膝の長さや手首から肘までの長さを教師のものと比べた。このことから、「背の高い先生の方がみんなより骨が長い」ことを確かめた。この後、「骨や筋肉が成長すること。運動やあそびなどでたくさん体を動かすことでじょうぶな骨や筋肉が育つこと」が書かれた絵本を読み聞かせした。
（例：『ほねがつよいこ　じょうぶなこ』杉浦 保夫）

－子どものノート－
きょうは、先生の足のほねの長さとうでのほねの長さを、わたしの長さとくらべました。どっちも先生の方が、長かったです。先生の方がせが高いから、ほねも長かったです。せが高くなると、ほねものびてます。先生が本を読んでくれました。うんどうしたり、あそんだりたくさんからだをうごかすと、ほねもきんにくもじゅうぶになるって、書いてありました。（R）

4．生活科の時間に実践

生活科の教科書に、自分の成長をとらえ、できるようになったこと、そして、これからの生活に意欲を持つという内容の学習があります。その単元に変えて、この体の学習を行いました。

自分の成長の事実を確認し、成長するための体の仕組みを知り、体の健康を考えることが、この内容につながると思ったからです。2年生でも同じように骨や筋肉が成長しているという事実を学習し、じょうぶな骨や筋肉を作ることに関心をもつということは、成長の事実をとらえ、これからの自分を考えるという生活科の内容にも合うと思います。そこで、生活科の時間に実践しました。

5．子どもは体のことを 知りたがっている！

低学年を担任したら、必ず体の学習をしてきました。科教協大会で「低学年で体の学習をするのは自然科学教育としてどんな意味があるのか？」と問われたことがあります。「体も自然の一つ。低学年の子にとって、一番身近な自然。自分も生物として食べて成長していることをとらえる学習につながる」と考えてきました。その考えに変わりはありません。でも、実践してきて強く思うことは、どの子も体にとても興味があり、体のことをとても知りたがっているということです。だから、自分の体を触ったり友だちと比べて確認したり、体の事実を知ったときの喜びはとても大きかったです。実践した後、「おなか痛い」「おへその辺りかな、下の方かな？」「下の方」「じゃあ、どうする」「トイレに行ってくる」こんな会話もでき、痛みの解決もできたのです。こういうことが自分の体や健康を考える土台になると思いました。

【参考文献】
『そのまま授業にいかせる生活科』
江川 多喜雄（編著）合同出版
『人のからだの学習1』江川 多喜雄（編著）新生出版
『たべものの旅』かこ さとし　童心社
『おしっこのふしぎ』伊東 三吾　草土文化
『ほねがつよいこ　じょうぶなこ』
杉浦 保夫 著　偕成社

からだの中の名まえを見つけよう

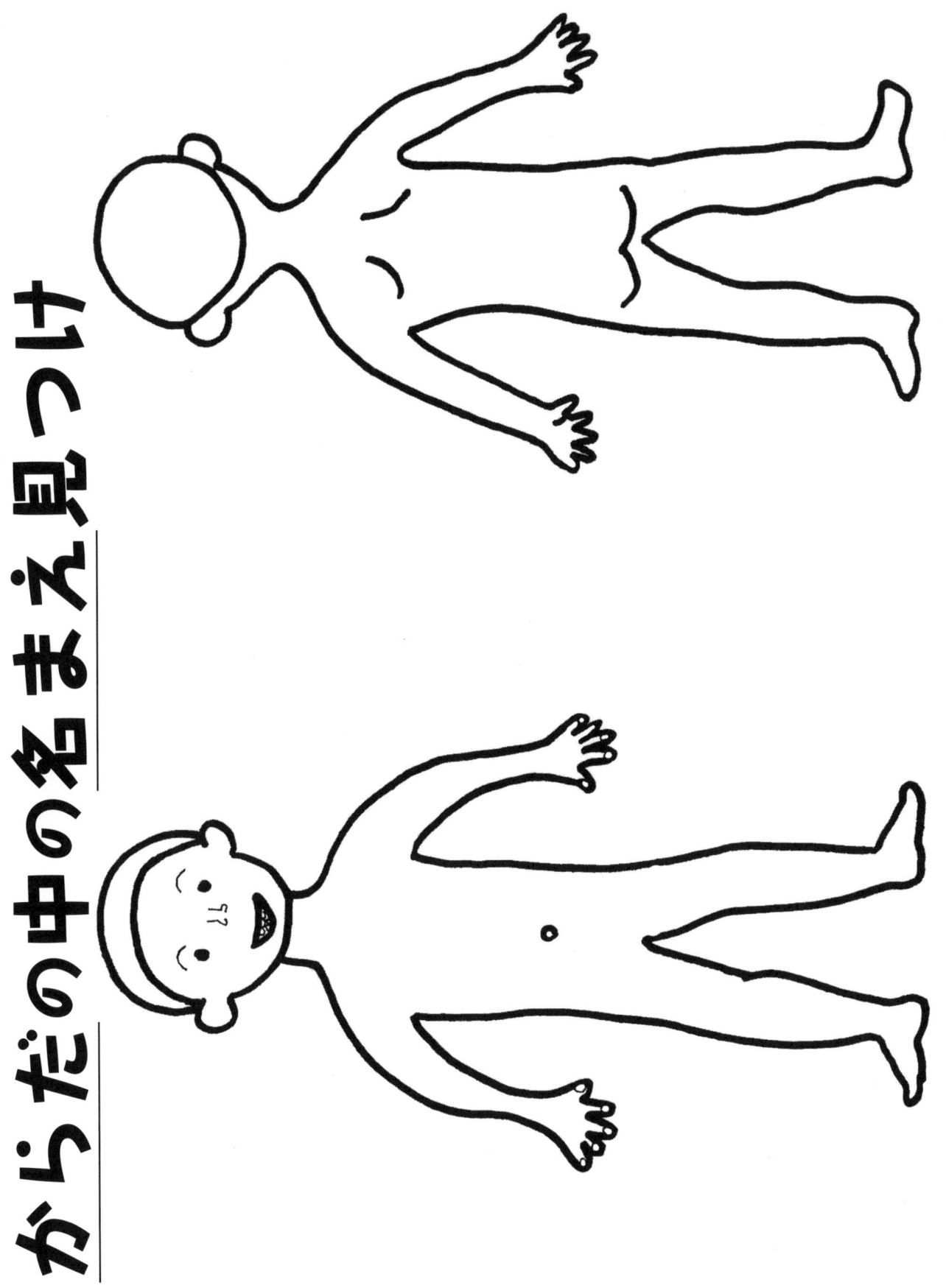

童心社刊『しらべてみよう　わたしのからだ』玉田泰太郎／江川多喜雄・西川おさむ　の絵を参考に筆者作図

空気さがし

～見えないけどちゃんとある！～

東京都葛飾区立半田小学校

江原 良

授業に向けて

　低学年の時期に五感を働かせる体験を取り入れた授業を意識的に取り組みたいと思っています。空気はとても楽しい学習になりますが、子どもたちにとっても身近なうえに目に見えないものなので、教師の言葉かけや確かめる手順を踏まえたしっかりと空気を実感できる学習計画が大切です。

学習内容（学習目標）

※教材は①から⑩

（1）空気は場所をとる。

①空気がビニール袋に入ると、袋がふくらむ。

②ビニール袋に閉じ込めた空気は、弾性がある。

③コップをさかさまにして水の中に押し込んでも、コップの中に水が入らない。

④底を切ったペットボトルのふたを取り、そこから空気がぬけると水が入る。

⑤底を切った水の入ったペットボトルに空気が入ると、水が出る。

（2）空気は水の中であわになって見える。

⑥空気を入れたビニール袋に穴をあけて、水の中に入れると、ビニール袋の穴から空気があわになって出てくる。

⑦パンクしたボールの穴を見つけることができる。

（3）空気はどこにでもある。

⑧スポンジやタオルなどを水の中に入れると、あわが出る。

⑨かくれている空気をさがそう。

（4）おもちゃ作りをする。

⑩エアーポット、ペットボトルじょうろ作り。

（5）学習したことを自分の言葉や絵でまとめる

指導計画（7時間）

1．空気をつかまえよう…教材①②：1時間

　　1時間目　空気をつかまえよう

2．空気は場所をとる—教材③④⑤：3時間

　　2時間目　コップの底にティッシュを入れて水の中にさかさまにしずめたら、ぬれるだろうか

　　3時間目　空気の入った底なしペットボトルのふたを水中でゆるめたら、どうなるか

　　4時間目　水の入った底なしペットボトルに空気を入れたら、どうなるだろうか

3．パンクの穴さがし…教材⑥⑦：1時間

　　5時間目　パンクしたボールのあなを見つけよう

4．かくれてた空気さがし…教材⑧⑨：1時間

　　6時間目　かくれた空気を見つけよう

5．作ってあそぼう…教材⑩：1時間

　　7時間目　エアーポットを作ろう・ペットボトルじょうろを作ろう

授業の記録から

1時間目　空気をつかまえよう

[用意する物]

・小さめのビニール袋

・90Lの大きなビニール袋

[学習活動]

①一人ひとりがビニール袋に空気を集める。

②みんなが集めた空気を大きな袋に入れる。

③集めた空気を入れた大きな袋にすわってみる。

④今日「やったこと」をノートに書く。

※この④は、毎時間後に書かせる。

☆子どものノートから

●空気を小さなビニールぶくろに入れたら、す

ぐににげたけど、ねじったらでなくなった。
みんなが作ったのを、大きなふくろに入れた
ら、SくんとAちゃんがのっても大じょうぶ
だった。　　　　　　　　　　　（K・H）

●ふくろに空気を入れると、かるくてやわらか
かった。少しにげられそうだった。ふくろに
しわみたいなのができた。　　　（S・S）

●わたしは、ビニールぶくろをいろんなところ
にうごかしたり、口でふいたりして、空気を
入れました。そして、空気が出ないようにぐ
るぐるまきました。　　　　　　（Y・H）

●さいしょにビニールぶくろをよこに動かして
空気を入れてみたら空気が入って、ちょっと
しわができたけど、ビニールぶくろがつるつ
るしてふうせんみたいだった。ぽんぽんして
たら、空気がうかんで、ふわふわしてきもち
よかった。　　　　　　　　　　（E・H）

●空気をビニールぶくろにあつめて31人ぶん
の空気ができた。大きかった。かるい人は空
気がぬけにくくて、おもい人は空気がぬけや
すいと思った。　　　　　　　　（S・K）

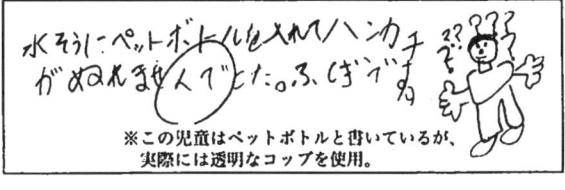

《（Y・T）のノート》

2 時間目 コップのそこにティッシュを入れて水にしずめたら、ティッシュはぬれるだろうか

[用意する物]

・水そう

・プラスチックの透明なコップ

・ティッシュペーパー

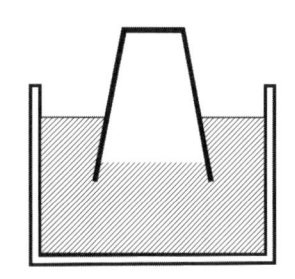

[学習活動]

①自分の考えをノートに書く。

②水そうの中にコップを入れて確かめる。

☆自分の考えの紹介

●コップの中に入れたティッシュは、ぬれない
と思う　　　　　　　　　　　　（H・N）

●ぬれると思う　　　　　　　　　（O・R）

●ティッシュはうかぶと思う　　　（Y・Y）

●ティッシュがぬれてふくらむと思う（T・M）

☆子どものノートから

●コップの中にティッシュを入れて水が入って
いる水そうに入れてもティッシュがぬれな
かった。　　　　　　　　　　　（E・H）

水そうにペットボトルを入れてハンカチ
がぬれませんでした。ふしぎです

※この児童はペットボトルと書いているが、
実際には透明なコップを使用。

《O・Sのノート》

●ティッシュをコップの中に入れても、ばらば
らになったりきれたりしないで、ぬれなかっ
た。　　　　　　　　　　　　　（S・M）

●水そうの中にコップを入れて、コップの中の
ティッシュがぬれるかぬれないかをやった。
おくまでいれてもテイツシユはぬれなかった。
　　　　　　　　　　　　　　　（J・H）

3時間目　空気の入った底なしペットボトルを水にしずめてふたをゆるめたら、どうなるだろうか

[用意する物]

・水そう

・底を切り取ったペットボトル

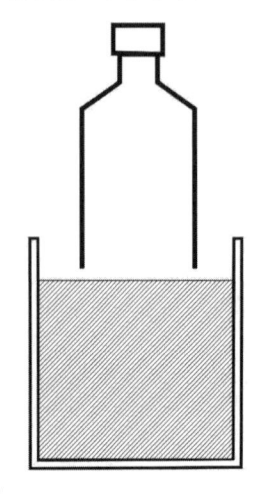

[学習活動]

①自分の考えをノートに書く。

②水そうの中にペットボトルを入れて確かめる。

☆子どものノートから

●ペットボトルのふたをゆるめたら、水が入ってきた。　　　　　　　　　　（I・M）

●ペットボトルを水そうの中に入れてキャップをとると、空気で水が上がった。　（O・M）

●ペットボトルのふたをゆるめると上からあわがブクブクといって、空気がちょっとなくなって水が入ってどんどん空気がなくなっていた。　　　　　　　　　　　（S・M）

●キャップをゆるめると空気がぬけて水が上にあがった。　　　　　　　　　（T・K）

●ペットボトルのふたをゆるめると、水があがってくる。　　　　　　　　　（Y・S）

●ペットボトルのふたをゆるめたら、空気がぬけて水が入るとわかりました。　（O・S）

●ペットボトルのふたをゆるめると、お水がはいってきて空気がぬけた。　　（S・R）

●ペットボトルのふたをゆるめたら、あわだつのがわかった。空中でわると「パンッ」とな

るふうせんとちがう空気のぬけかただ。

　　　　　　　　　　　　　　　　　（U・Y）

《Y・Sのノート》

4時間目　水の入った底なしペットボトルに空気を入れたら、どうなるだろうか

[用意する物]

・水そう

・底を切り取ったペットボトル

・ストロー

[学習活動]

①自分の考えをノートに書く。

②水槽の水中に水でいっぱいのペットボトルを入れ、ストローを使って底から空気を入れ確かめる。

☆子どものノートから

●ペットボトルの中に入った水に、ストローをつなげていきをフッーとはいたら、ペットボトルの中にブクブクと空気が入ってきた。そして、ペットボトルの中に入った水がなくなってきた。　　　　　　　　　　（I・M）

●ストローで空気を入れたらペットボトルの水がなくなっていった。　　　　（I・S）

●水の入ったペットボトルにストローで空気を入れたら空気が入って水がなくなりました。ペットボトルをもつのがすごくおもかったです。(※浮くのを抑えるのが大変だ、との意味)

　　　　　　　　　　　　　　　　　（O・M）

●水の中に入れた空気があわになって、水がなくなった。空気を入れるほうはいいけどペットボトルをもつのがおもかった。水が入って、かわりに空気が入った。　　　　（M・Y）

水の入ったペットボトルに、ストローで空気を中に入れたらあわがでてきて、水がどんどんへっていきました。そして空気がそのぶん入っいってきました。

《G・Rのノート》

●水の入ったペットボトルにストローで空気を入れたら、水がペットボトルの中でへっていった。空気で水がぬけた。　　　（Y・A）
●水の入ったペットボトルにストローで空気をいれたら空気がまんたんに入って水が下へいって、水がなくなった。ペットボトルをもっているとき、だれかに下からおされているようにおもかった。空気を出すと水が入ってくるけど、空気を入れるとそのぶん水が出ていってしまう。　　　　　　　（T・K）

《I・Sのノート》

●水の入ったペットボトルに空気をいれたら、水がぬけてそのぎゃくに空気が入った。
　　　　　　　　　　　　　　　　（N・K）

5 時間目　パンクしたボールのあなを見つけよう

[用意する物]
・穴があいてパンクしたボール
・水そう

[学習活動]
①自分の考えをノートに書く。
②水そうの中にパンクしたボールを入れて確かめる。

☆自分の考え

●パンクしたあなをみつけるには、手でおしこんで空気が出ているところを見つける。
　　　　　　　　　　　　　　　　（S・H）
●おしてみて空気が出るところをさわるとわかる。　　　　　　　　　　　　　（K・Y）

☆子どものノートから

●パンクしたボールを水の中に入れるとあわが出て、そこにあながあるのがわかった。いろんなものにあながあるとき、水の中に入れるとあわが出るから、あながそこにあることがわかる。あなが小さければ、あわも小さくなっていた。　　　　　　　　（S・S）
●パンクしているボールを水の中に入れて、力づよくおしてあわが出たところがパンクした場所ってわかった。　　　　　（U・Y）
●パンクしているボールを水の中に入れたらあわが出てくるから、そこにあながあるとわかった。水の中では、どこにあながあるのかわかったけど、水の外に出すとあながどこにあるかわからなかった。　　　　（G・R）
●パンクしたところを見つけるこつがわかりました。水に入れると、あわが出てるとパンクしているとわかりました。　　　（O・S）

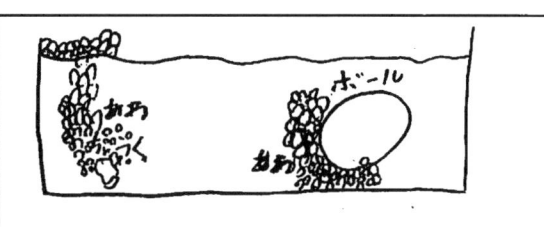

《S・Kのノート》

6 時間目 かくれた空気をみつけよう

[用意する物]

・水そう
・水に入れて調べてみたい物

[学習活動]

①自分の考えをノートに書く。

②水そうの中に、その物を入れて確かめる。

☆子どものノートから

● えんびつけずりは、入れたしゅんかんに大き
なあわがぶくと出ました。あわは小さいのだ
けじゃなくて、大きいのも見ました。（I・H）

● ぞうきんに空気はないと思ったけどあわが出
た。ぞうきんを丸めたらあわはあんまり出な
かった。手を入れたら出た。くふうしてグー
にしたらあわが出た。　　　　　　（K・Y）

● チョークを入れたらこまかいあわがたくさん
出た。1回入れたらず～っと出たから、空気
がたくさんあると思った。2回入れたら少し
すくなかった。　　　　　　　　　（W・Y）

● ぞうきんでやったら、あわがぶくぶくでまし
た。ぬれぞうきんだと出ませんでした。

　　　　　　　　　　　　　　　　（A・S）

● 手を水の中に入れたら手に丸いものが見えま
した。空気だとわかりました。　　（G・R）

● ぼくが水の中に手を入れると、みんながあわ
が出てると言いました。チョークのあと、ボー
ルのあわとくらべてみたら、チョークのほう
があわがこまかいことがわかりました。だか
らチョークのすきまがこまかいことがわかり
ました。　　　　　　　　　　　　（Y・G）

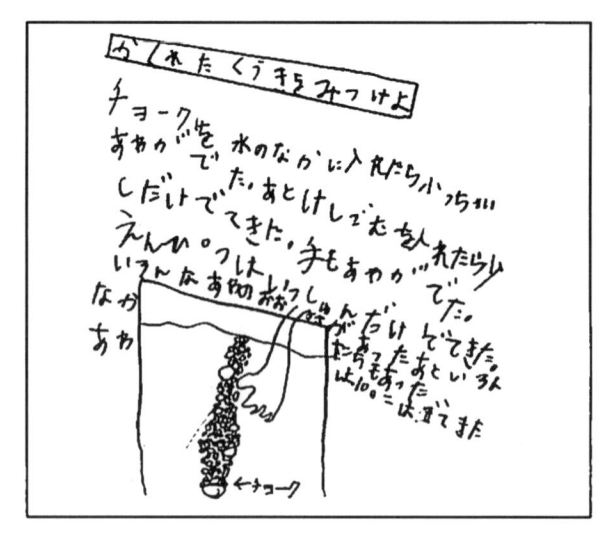

《K・Yのノート》

7 時間目の1 エアーポットを作ろう

[用意する物]

・500mLのペットボトル
・ストロー2本
・ねん土

[学習活動]

①エアーポットを作る。

②やったことをノートに書いて紹介

● ペットボトルとねん土とストローで、エアー
ポットを作りました。ストローをペットボト
ルにさしてねん土でふさぎました。ストロー
にいきをふ～とはくと、水がべつのストロー
を通ってすーとでてきました。　　（I・M）

● ペットボトルのふたをとって、ねん土をつけ
ました。えんぴつであなをあけました。スト
ローを2本つかいました。かたほうはみじか
くきって、そのきったストローをほかのスト
ローにはめました。そして、2本をあなには
めました。空気がにげないようにねん土でと
めました。ストローからいきを入れると、も
う1つのストローから水がでました。水が少
なくなるといきおいが強くなりました。

　　　　　　　　　　　　　　　　（S・S）

● 空気を入れたとき、水は出たけどちょっとし
か出なかった。空気を入れたら水がおしこま

れて、水が出た。いっぱいふいたらいっぱい
出た。ちょっとしかふいていななかったら、
ちょっとしか出なかった。　　　　（K・Y）

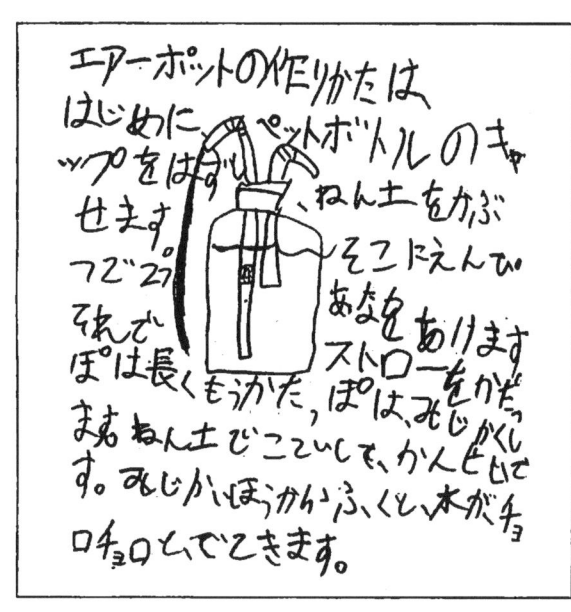

《I・Gのノートより》

《T・Iのノートより》

7 時間目の2　ペットボトルじょうろ を作ろう

[用意する物]

・500mLのペットボトル
・画鋲（チェスの駒型が使いやすい）

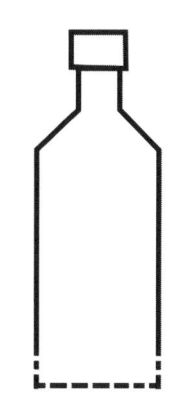

下の方に穴をあけたペットボトル

[学習活動]

①PETボトルでじょうろを作る。

②やったことをノートに書いた紹介

●ペットボトルにぶすぶす画びょうをさして
　ペットボトルに水を入れてふたをゆるめると
　水が下から出てきました。　　　　（O・K）

●ペットボトルにがびょうで下にあなをあけて
　水をいれました。キャップをよわめると水が
　あなをあけた場しょから水が出てきました。
　　　　　　　　　　　　　　　　　（H・T）

●ペットボトルの下に画びょうであなをあけて、
　ペットボトルじょうろを作りました。ペット
　ボトルのふたをあけると水が出ます。ふたを
　しめると水が出なくなります。　　（Y・A）

●まず、ペットボトルにがびょうであなをあけ
　ました。ペットボトルに水を入れて、ふたを
　しめていると水が出ないで、ふたをあけると
　水が出てきました。　　　　　　　（I・S）

実践を終えて

　「ウワァー見えた！すごいなぁ〜」「またやり
たい！」という子どもたちの声を、たくさん聞
くことのできた学習でした。そして、新しい発
見がたくさんあった授業から、1時間ごとの
「やったこと」を書く力を確かに伸ばすことの
できた授業になりました。

あまい水・からい水を作ろう（2年生）

東京都 あさくさばし科学サークル

遠山 晶子

2012年に2年生の担任をしました。生活科は「町たんけん」「伝承遊び」「野菜を育てる」などがありました。そのような中で、もっと子どもたちが"試してみたい、どうなるか知りたい"と思えて、身近な物にも興味が広がるような授業がしたいと思っていました。

子どもは水が大好きです。だから、水にものを入れて溶かすこともきっと好きだろうと思いました。楽しく実験しながら、「水にものを入れるとどうなるか」を考えさせたくて、この授業を実践しました。

ねらい

○塩や砂糖を水に入れると、溶けて見えなくなる。

○水に入れた塩や砂糖は、（割り箸などで）混ぜると早く溶ける。

指導計画

①塩と砂糖の粒の違いを見つける。

②からい水を作る。

③あまい水を作る。

④モールに塩の粒をつける。

◆1 時間目
2つの白い粒の正体は何だ？

> **ねらい：**塩と砂糖の粒を観察して、塩と砂糖の違いを見つける。

【準備するもの】

・食塩と砂糖

・黒い画用紙

・虫めがね

・プラスチックのスプーン

【展開】

①塩と砂糖が別々に入ったカップを見せて、何の粒かを聞く。

②2つの粒の違いを調べるための手だてを話し合う。

よく見る・さわる・においをかぐ・虫眼鏡を使う・なめてみる、を確認する。

③2つの粒を調べ、塩と砂糖ということを知り、粒の違いに気付く。

④今日の授業でやったことやわかったことをカードに書く。

【観察カードより】

さいしょは何かわかりませんでした。食べたら、しおとさとうでした。しおはしょっぱかったです。さとうは、あまかったです。

つぎに、つぶをよく見てみました。しおは、こおりみたいな形をしていました。さとうは、いろいろな形をしていました。それで、においをかいでみたら、どちらともにおいはしませんでした。

さいごに虫めがねで見てみました。しおは、すこし光っていました。さとうは、1つ1つがあつまってかたまっていました。

◆2 時間目
からい水を作ろう

> **ねらい：**塩を水に入れて「塩は水に溶ける」ということを知る。

【準備するもの】

・食塩

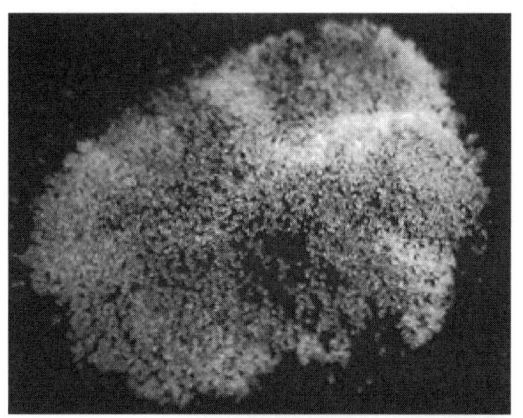

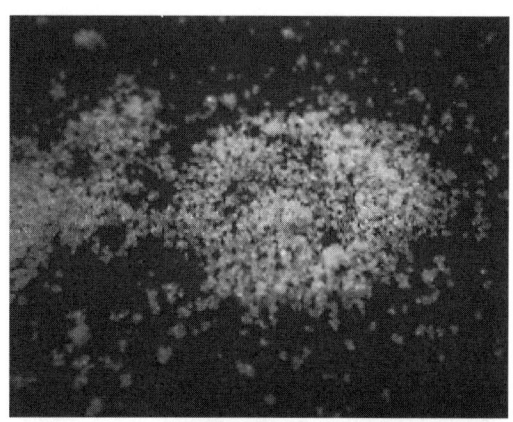

塩の粒を
虫眼鏡で見る

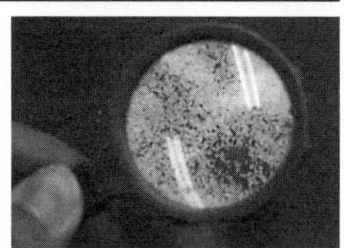

砂糖の粒を
虫眼鏡で見る

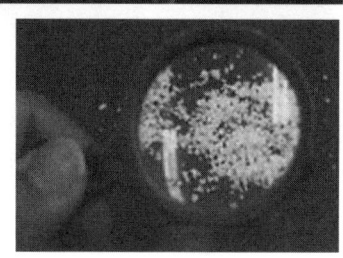

・透明のプラスチックカップ
・水
・計量カップ
・プラスチックスプーン
・割り箸

【展開】

①塩の味について話し合う。

Ｔ：この前、育てたトウモロコシでポップコーンを作ったよね。そのときの味付けは何だったかな？

Ｃ：塩！

Ｔ：どんな味だった？

Ｃ：しょっぱい。すっぱい！

Ｃ：入れすぎるとからかったです。

Ｔ：ポップコーン作りの感想で、塩を入れすぎると、「からい」という言葉がたくさん出てきていました。そこで、今日はからい水をみんなに作ってもらおうと思います。

Ｃ：イエーイ！やったー！

Ｃ：どうやったら、作れるの？

Ｃ：塩を入れる。

Ｃ：塩を水に入れる。

Ｔ：水に塩を入れて、からい水を作りましょう。

②準備をして、２人組でからい水作りをする。
　（塩と100mLの水を入れて配る）

Ｃ：すり切り１杯入れまーす！

Ｃ：あー。（歓声が上がる）

Ｃ：混ぜてみてもいい？

Ｃ：どういう変化か見たい。混ぜたい。

Ｃ：下にしずんだ。味がおいしくなりそう。

③早く混ぜるために割り箸を渡す。

Ｃ：すごーい。

Ｃ：これ、からいと思うよ。

Ｃ：おもしろい！

Ｃ：溶けてる！

Ｃ：なくなっていく。

Ｃ：なくなっている。

Ｃ：塩が真ん中に集まってる。

Ｃ：塩がなくなっちゃった。

Ｃ：塩がまだ生きている！

塩が見えなくなった

④塩が水に溶けたことを確認する。

T：みんな、塩はどうなりましたか。

C：消えました。

C：消えた。ゆうれいだ。

C：溶けた。

C：賛成！

C：すごく混ぜたら1個にかたまった。それで、今は、（塩は）ない。

C：塩は、なくなった。

C：どっかに行っちゃった。

C：見えなくなった。

T：塩はもう、コップの中にはないのかな？

C：ある！（ほとんどの子が塩は「ある」という反応）

T：塩は、コップの中からなくなったのかな？どうやって確かめようか。

C：飲んで、しょっぱいか調べる。

T：少し、なめてみよう。

C：しょっぱい！うわー。

（子どもたちは、しょっぱさに驚いていた）

T：塩は、どうなったのだろう？

C：塩は溶けた。まだ、味があるから。

C：水と混ざった。

C：混ぜたら塩が出てきて、混ぜられなくなっ

た。塩は残った。

T：塩は見えなくなったけど、なめてみると味があったから、塩はコップの中にあるんだね。塩を水に入れて見えなくなることを、「溶ける」と言います。

C：溶けた。

C：溶ける。

T：では、もっともっと塩を水に溶かして、からい水を作ってみよう。

C：イエーイ！（大喜び）

T：スプーンで何杯溶けるかな？調べてみましょう。

（再び溶かし始める）

⑤すり切り1杯ずつ水に溶かし、何杯くらい溶けるかを調べる。

⑥今日、やったことをカードに書く。

【観察カードより】

　まぜたときに、まん中が丸になってました。まぜる前は、水が少なかったのに、混ぜた後は、水が多くなった気がしました。

　15はい入れたらしょっぱくなってしまいました。15はいでまぜてもまぜてもとけなかったです。こんどは、あまい水をがんばりたいです。

　しおを5〜10ぱいまでまぜるとアクエリアスみたいな色がしてきます。しおがうきあがってきて、へんだなと思います。

　しょっぱいとからいのまん中が10ぱいだと思います。味は海の水みたいでした。すごくしょっぱくてからかったです。あと、まぜるのにも時間がかかって、時間がたってよくまぜたら、またとう明の水になりました。

◆**3**時間目
あまい水を作ろう

> **ねらい**：角砂糖が水に溶けていく様子を観察し、砂糖も水に「溶ける」ことを知る。

【準備するもの】
- 角砂糖
- 透明のプラスチックカップ
- 水
- 計量カップ
- プラスチックスプーン
- 割り箸

【展開】
①前回のからい水作りを思い出し、**角砂糖であまい水を作ること**を確認する。

T：まずは角砂糖を1個入れて、どんな様子かをじっくり見てみましょう。

C：すげー。

C：下から溶けてる。

C：何かが上がっている。

C：ブクブクしてる。

C：なんか、髪の毛みたい。

C：砂糖が上に行っている。

C：サイダーみたい。

C：あわみたい。

C：中から砕けてる。

C：溶けてる、溶けてる。

C：くずれた。

角砂糖からあわが出て崩れていく

C：砂糖が浮いてる。

C：割れてくずれてる。

C：溶けたーー！

C：溶けちゃった。

②**今度は、角砂糖をまぜて溶かし、どのくらい溶けるかを実験する。**

C：1、2…24、25。

（溶けるまでの時間を測っている子）

T：今、何個目かな？

C：2個目。

C：もうだめだ。（なかなか溶けない）

C：まだ溶けるよ。

T：まだ溶けそう？

（だいたい5個目が溶けたところ）

C：溶けそう。

③**角砂糖の様子や、どのくらい溶けたかを話し合って、今日、やったことをカードに書く。**

【観察カードより】

> さいしょ、ぼくは、角ざとうを入れるのをわくわくして入れたら、なにか角ざとうの中からあわがでてきて、どうしてだろうと思いました。
> かくさとうを入れたとき、ずっとおいておくと、さとうがしぜんにサイダーみたいにしゅわしゅわとけました。まぜるときはざくざくと音がしました。

> わたしは、どうして角ざとうは水に入れると、山みたいにくずれるのかなと思いました。わけは、四角形だからです。

> さとうがくずれるときは、下にくずれて上に上がっていきました。

まず、さいしょに角ざとうを入れてかんさつしていました。ぼくたちは、角ざとうを14こいれました。1こめをいれただけだとそんなに甘くはありませんでした。でも8こぐらいこえると、甘くなってきました。

しおよりさとうのほうがとけやすかったです。でも、さとうの方がしおよりききめが少ないです。角ざとうを入れるとあわもでてきました。

あまい水をつくってベトベトになったけど、さとう水のべんきょうをやっておもしろかったです。角ざとうを19こいれたけどすこしうすかったです。水の色は、水の色よりちょっとこいほうです。こんど、黒ざとうを入れたいです。さとうのすり切り1杯がどれくらいかをたしかめてみたかったです。

おまけ
モールに塩の粒をつけて遊びました。

【子どもの反応】
黒色のモールは塩の粒が見やすいので喜んでいました。

モールを干したときに、塩水が垂れたところにも塩ができていて塩が残っていることを確かめることができました。

授業を終えて

○塩と砂糖がまとまってあると、「粉」と言い、間近で見ると「粒」と言っていた。

○塩は「しょっぱい」と表現するが、砂糖は「あまくておいしい」や「おいしい」など、「おいしい」と表現する子が多かった。

○塩を水に入れたときに、多くの子が「なくなった」と表現していたが、「溶ける」という言葉を説明した後は、「溶けた」と言っていた。

○角砂糖を水に入れたときは「溶けた」「崩れた」とつぶやく子が多く、他の表現はあまり出てこなかった。ただ、角砂糖から何かが上がっていく様子には、とても興味をもっていた。

○カードを読むと、何人かが塩より砂糖が溶けやすかったと書いており、これは、砂糖のほうが多く溶けたということなのかどうなのか。はっきりと塩と砂糖の溶ける量を比べさせなかったので、もう少し明確にしたほうがよかった。できれば、授業では粒状の砂糖にして、角砂糖の実験は別の時間を設けるとよかった。

○普段あまり発言しない子が活躍したり、書くことが苦手な子がすらすらと観察カードを書いたりと、とても生き生きと活動していた。

教材の魅力

「あまい水、からい水作り」は、子どもが自主的にどんどん試していける教材でした。実践前は、混ぜ方や観察のポイントなど、子どもは理解できるのか心配でした。しかし、子どもたちは学習の意図をとらえ、私の予想を超えてさまざまなことに気付いていきました。子どもの本能に働きかけるような素敵な教材でした。

鉄みつけたよ
〜磁石につけば鉄〜

埼玉県　公立小学校
野末 淳

砂鉄がクラスに持ち込まれた

　2012年度の1年間「自然のたより」に取り組んだ。自然をみつけ、綴り、友達と認め合い、家庭に通信でその様子を伝え、学級作りの柱としてきた。

　進級を目前の3月に、砂鉄集めの報告が「自然のたより」に出てきた。3年生の姉といっしょに、磁石で砂鉄を集めたという。話し合いも盛り上がり、次の日には他の子も自宅近くで砂鉄を集めてきた。

短時間で「鉄みつけ」に挑む

　もともと「鉄みつけ」をさせる計画はなく、学年末で残された時間は少なかったが、ねらいを「磁石につけば鉄」ということだけに絞って授業をすることにした。この学習では、まず身の回りの物を、いろいろな物をつくる材料として見られるようにする。次に、金属の中でも鉄だけが、磁石につくということを確かめていく。そして、身の回りにある鉄でも、金属光沢で判断できない物には、「磁石につけば鉄」であるという見方を使い、身の回りの物にアタックさせていくようにしたい。

学習目標	「鉄は磁石につく」	
単元計画	第1時	磁石につく物は鉄
	第2時	磁石で鉄探し（教室）
	第3時	かくれた鉄探し
		（自宅で）

授業記録

〈第**1**時〉
◎まずは物の名前から、材料に目を向けさせて

T：今日の生活科、（フェライト磁石を見せて）これの勉強です。

みんな：磁石！

T：はい。（次にビー玉を見せて）磁石につくかな？

（以下同様に、クリップ、針金、辞書、スーパーボール、金だわし、ペン、消しゴム、三角定規、空きびんを見せていく。）

T：この中で磁石につくと思う物をノートに書いてみて。

みんな：え〜、4コもある。

T：1つじゃないかもね。

ENO：理由も書くの？

T：理由もあるの？じゃあ、どうやって判断したか、理由も書いてもらおうかな。

……子どもは、ノートに書いたあとで発言……

> T＊材料についての言葉を引き出したい。

■子どもから出された意見
（○は磁石につく、×は磁石につかない）

ビー玉	平らじゃないから　×
	かたくてもガラスだから　×
クリップ	ひもだから　○
	光っているから　○
	銀色だから　○
	鉄でできているから　○
針金	鉄でできているから　○
	金や銀でできているから　○
	鉄だから　○
	柔らかいけど鉄だから　○

辞書	紙でできているから ✕
スーパーボール	鉄じゃないから ✕ ゴムでできているから ✕
金（かね）だわし （スチールウール）	銀の鉄だから ✕ 糸だから ✕ 銀色でもつかない物もあるから ✕ ふわふわだから ✕ 柔らかいから ✕
ペン	プラスチックでできているから ✕
消しゴム	材料がゴムで作られているから ✕
三角定規	材料がプラスチックだから ✕
空きびん	重いから ✕ ガラスだから ✕

T：確かめるよ。

（それそれが磁石につくかどうかを演示で確かめていった。）

T：確認。どれとどれがついた？

KIK：クリップと針金と金だわし！

◎金物の中で、鉄だけが磁石につく

T：次はこれ。

（商品の原材料を確認しながら見せていった。この授業では、子どもたちに「鉄だけが磁石につく」と言わせたいためにステンレス製の物はフェライト磁石につかない物を使用した。しかし、**厳密にはステンレスは磁石につくため、理科サークルでの検討では、正確ではないとの指摘があった**）

```
■板書■   アルミニウムの はり金
         てつの 金ぐ
         ステンレスの ストッパー
         ステンレスの フック
         しんちゅうの ブラシ
         てつの ブラシ
```

（磁石につくか、つかないかの予想を挙手で確認し終えてから）

T：どこで、つくかつかないかを判断したの？

SAK：アルミは磁石につかない。鉄じゃないし。

YOS：鉄じゃないとつかない。

みんな：鉄はつく。

UED：ステンレスって、どういう意味？

T：材料の名前だよ。

NOJ：さっきの金だわしで、金属のひもについていたから、鉄のブラシも同じ種類だから。

HID：鉄のブラシはついて、鉄の金具はつく。

T：（鉄のブラシは銀色でなく赤みがかっていたため）色が他のと違うけど大丈夫？

HID：大丈夫。

SUZ：鉄のブラシの毛みたいなところがつく。

> T＊大事なのは「材料」と確認したい。

T：さっきのノートに続けて、磁石につくと思う物を書いて。

（子どもはノートに理由も書き話し合い）

HID：私は、鉄の金具と鉄のブラシだと思います。だって鉄のブラシとか鉄の金具とか鉄って書いてあるからです。

TAK：鉄の金具と鉄のブラシだと思います。わけは鉄だからです。それと、予想だけど色は関係ないと思います。

T：色のことを言ってくれたけど。

HID：色は関係ない。

T：何で判断したの？

SUZ：つくられてる物でつくか決まる。

T：そういうの、材料と言うね。

T：確認します。（目の前で磁石につくかどうか確かめていく）どこで見分ければいいですか？

ENO：材料が鉄のもの。

◎鉄だけが磁石につくことを繰り返して

T：じゃあ、次は（１円玉を見せて）これ。

SUZ：つかない。だって１円玉は軽いから。

TAK：重さは関係ないでしょ。

T：SUZ さんは「軽いのはつかない」って言ってるよ。

MAT：クリップだって同じくらいの重さだから重さは関係ないと思う。

T：クリップは軽いの？

みんな：1円玉より軽い。でもつく。

UED：アルミニウムはつかない。

T：よく知ってるね。1円玉ってアルミニウムでできてるんだよ。

MUT：UED さんが言ったとおりに、アルミニウムは鉄じゃないから磁石にくっつかない。

T：やってみるよ（磁石につかない）

みんな：ほら〜。

T：次は5円玉。何がわかればいいの？

SAK：材料。

T：亜鉛（注：正しくは亜鉛と銅の合金）っていう材料。つくと思う人？つかないと思う人？

（挙手で確認）

ENO：真ん中に穴が空いているからつかない。

KUD：でも、周りはつくよ。

UED：じゃあ何で1円玉はつかないの？

T：形でつくとか、つかないとか、変わるの？

ENO：1円玉はアルミだからつかない。

UED：形は関係ない。磁石も穴が空いてるのがある。

T：何が関係してるの？

TAK：材料。

T：材料は何？

みんな：亜鉛。

T：つく？つかない？（挙手で確認し）やるぞ。

みんな：つかない！あってた。

T：1円玉、5円玉と来たら、次は？

みんな：10円玉！つかない。

UED：材料は？

T：材料は銅（10円硬貨を見せて）。つく？

MUT：5円玉と一緒だからつかない。

T：銅と亜鉛は別の材料だよ。

SIB：鉄じゃないからつかない。

T：やってみるよ（磁石につかない）。

みんな：やっぱり。

（以下、材料を確認しながら50円、100円、500円硬貨が磁石につくかどうかを確かめていった）

T：磁石につく物とつかない物、わかったね。磁石につく物って、簡単にいうと何でできてるの？

みんな：鉄！

埼玉小学校サークルで指摘されたこと

○「鉄は磁石につく」ことが確かになってからも、重さや形状で判断しようとする児童がいる。これが子どものわかり方であろう。

○子どもたちが友達の発言をよく聞いていて、質問したり、反対意見を言ったりして間違った意見が修正されている。「自然のたより」に取り組んでいる成果であろう。

○金属光沢を学習し、鉄特有の色を確認させないと子どもは金属や鉄がわからない。教師が「硬貨は○○からできている」と教えていくやり方は耳学問に終わるおそれがある。

〈第 **2** 時〉

◎見えない鉄を探す

T：（2つのマッチ箱を見せて）これ、マッチ箱。（箱の中を見せて）こっちにはクリップが入ってるね。こっちは空っぽ。（体の後ろでシャッフルして）はい、置きました。どっちにクリップが入っているかわ

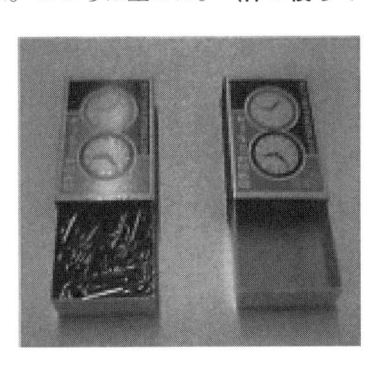

かる人？

みんな：わかんない。

T：じゃあどうやったらわかる？

◎前の時間の勉強を思い出しながら

MAT：磁石。

T：磁石でやったらどうなるの？

SAK：前やった磁石の勉強は、クリップがついたから、どっちかの中にクリップが入ってるから磁石をつければついてくる。

IID：鉄だから。そのクリップが鉄だから、磁石に反応してクリップがくっつく。

T：クリップは見えてないけど大丈夫？

UED：上からやればくっつく。

MUT：箱に磁石をくっつけると、鉄だからくっつく。

T：やるよ　（磁石に箱がついた）。

みんな：カチッて言った。すごい音。

T：磁石は何をくっつけるの？

みんな：鉄。

T：じゃあ、見えなくても鉄を探すことができる？

みんな：うん！

T：じゃあ、教室の鉄を磁石で探してもらうよ。まずは、教室で鉄だと思うもの、ノートに書いてみて。

■子どもが鉄だと予想したもの

イス、黒板、机の脚、フック、窓の枠、お立ち台、ドアの下、ランドセルの開け閉めするところ、オルガンの銀色のところ、筆箱の開け閉めするところ、鉛筆のキャップ、エアコン、先生の机の横、戸棚、本棚、名札、黒板の桟、ぞうきんがかかっているところ、たらい、戸棚の鍵のところ　など

◎「教室には鉄がたくさんある」と言わせたい

T：鉄でできてると思うか、違うと思うか予想

を聞くよ。

（黒板に書いてあるそれぞれについて、順に聞いていった。教師の仕掛けとして、はじめは「〜『は』鉄でできている」と言って聞いていく。教室に鉄がたくさん使われていることを感じてもらうために、途中から「〜『も』鉄でできている」と聞いていった）

T：そんなにいっぱい鉄ある？

みんな：うん。

T：磁石がついたら？

みんな：鉄が入ってる。

T：つかなかったら？

みんな：鉄が入ってない。

T：調べられる？

みんな：うん。

T：1つだけ注意。精密機械、パソコンとかモニターには磁石を近づけると壊れちゃうから近づけちゃいけません。それと磁石は落とすと割れちゃうから、気をつけて、これ（チャック付きビニール袋）に入れて調べます。

> T＊家でも「鉄みつけ」をさせたいので、注意はしっかり確認した。

（各自調べる。あれもついたとかこれもつくとか言いながら調べていた）

T：教室の中に鉄ありましたか？

みんな：はい。たくさん。

T：鉄と思っても鉄じゃないものもあったでしょ？

みんな：うん！窓の枠とか！

T：イスは鉄でしたか？

みんな：鉄でした。

T：何でわかった？

WAD：磁石にくっついたから。

T：っていうことは？

HID：鉄が入ってた。

T：今のように答えていってね。

（黒板に書いてあるそれぞれについて確認していった。「磁石についたから鉄」「くっつかなかったから鉄じゃない」と答えさせていった）

T：ランドセルの金具はどう？

みんな：微妙。

T：微妙って、どういうこと？

MAT：OKAさんのは磁石についたけど、ENOさんのは磁石につかなかったから。

T：<u>というとは、OKAさんのランドセルの金具は？</u>

みんな：鉄が入ってる。

T：ENOさんのランドセルは？

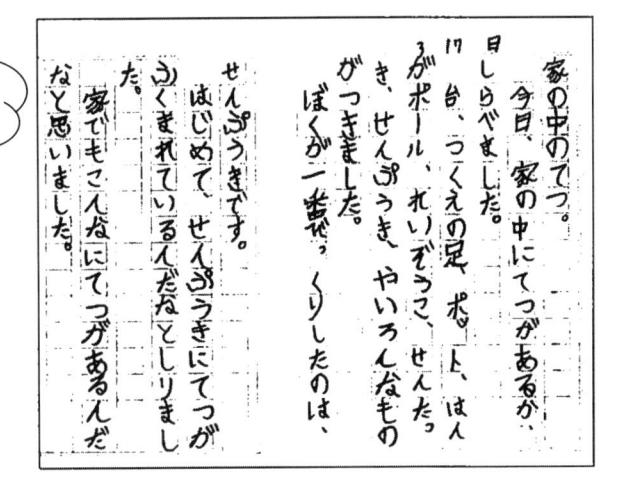

T＊同じ金属でも「磁石がついたから鉄」って考えられているぞ。

みんな：鉄が入っていない。

T：ぞうきんをかけるところは？

MAT：端のところはつかなかった。

T：端のところはなんて言えばいいの？

みんな：鉄が入っていない。

みんな：鉄じゃない。

T：黒板を見て。教室の中、何でできてるの？

TAN：鉄。

MAT：鉄ばっかり。

SUZ：ほとんど鉄。あと、バケツも。

子どものノート

生活科のさいごのじしゃくのべんきょう

　今日、生活科のさいごのじしゃくのべんきょうをしました。まず、はこの中にクリップを入れてどっちに入っているかをしました。ぼくはじしゃくでわかると思いました。つぎに教室の中にあるてつでできているものをみつけました。いろいろなものがありました。イスや黒ばん、つくえ、ドア、まどの下、ランドセル、オルガン、ふでばこ、先生のつくえ、戸だな、名ふだ、黒ばんの下、ぞうきんをかけるところがくっつきました。教室にはてつのものがいっぱいあるんだなと思いました。

　このあと、1万円札のインクや、クレヨンの中にも鉄がかくれていることを強力な磁石で確かめ、子どもたちにフェライト磁石を1つずつプレゼントした。そして家でも「鉄みつけ」を

してくるよう伝えた。磁石は精密機械に近づけないことを子どもに指導するとともに、生活科通信でも伝えた。また、家でも「鉄みつけ」をするよう保護者にもお願いした。

〈第3時〉
◎家での「鉄みつけ」

> 家の中のてつ。
> 今日、家の中にてつがあるか、日しらべました。
> 17台、つくえの足、ポット、はんが、ボール、れいぞうこ、せんたっき、せんぷうき、やいろんなものがつきました。
> ぼくが一番だ、びっくりしたのは、せんぷうきです。
> はじめて、せんぷうきにてつがふくまれているんだなてしりました。
> 家でもこんなにてつがあるんだなと思いました。

　後日、『じしゃくはめいたんてい』（玉田泰太郎・童心社）を読み聞かせした。子どもたちは、「そうそう」「同じ物を調べた」などと言いながら楽しそうに読み聞かせを聞いていた。

研究会の時に指摘されたこと

- ○物にはたらきかける学習として、「鉄みつけ」をするのであれば、金属探しから授業をはじめるべきである。
- ○授業時間を計画的に長く取り、子どもが実際に磁石に触れる時間を確保したい。
- ○磁石で鉄をみつけることが主眼になっているので「鉄の色」については触れられていないが、塗装を削って、鉄の色を確かめさせてもよいだろう。
- ○鉄やその他の金属の性質を、「磁石につく」という一面だけの性質ではなく、色や手触り、温度、音などでも確かめさせたい。
- ○「鉄みつけ」の学習で、身近な物を使うのなら、釘が有効である。釘なら様々な金属で作られた物がある。

よく回る手作りごまを作ろう

栃木・しもつけ理科サークル

山﨑 美穂子

1 きっかけは「しぜんのたより」

4月の入学当初から、クラスでは朝の会を中心に「しぜんのたより」の取り組みを続けてきました。登校の途中や学校で見つけたもの、家の近くにあったものなど、子ども達はいろいろな「しぜん」を教室に持ち込んで、みんなに紹介をしています。

夏休みが終わり、教室ではまた子ども達による「しぜんのたより」が始まりました。発表の中で「ツバキの実」が「よく回る実」として紹介され、男の子を中心に実を回して遊び始めました。回し方は、両手の指ではじいて回転させるというものです。黄緑色で少し赤紫のところがある丸い実は、いつしか子ども達の遊び道具になっていました。

2 秋〜ドングリの登場〜

そのうちにドングリを持ってくる子が出てきました。爪楊枝をさして、家でこまの形にしてくる子もいましたが、ツバキの実

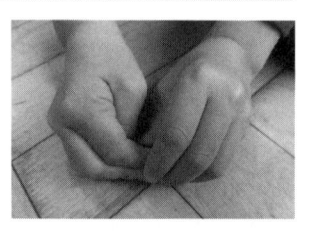

指でドングリを回す

と同じようにそのまま指で回して遊んでいる子もいました。

生活科で秋の公園に行き、ドングリをたくさん拾ってくると、ますますその遊びは広がりました。主流は棒を刺さずに両手の指で回す方法です。棒を刺そうとするとドングリが割れたり、中心がずれたりすることがあるので、棒はない方がよく回るとのことでした。クヌギは丸いので回しやすいのですが、細長い形のドングリはなかなか回りません。しかし、ある時細長いド

ングリを縦にして回せる子が出てきたのです。私も挑戦してみましたが、何度やってもうまく回りませんでした。ドングリを上手に回せる子は、みんなから一目置かれる存在になりました。

「ドングリ以外にも回るものがあるのではないか」との発想から、身の回りのものを回し始める子が出てきました。棒を刺すわけではないので、簡単に試すことができます。身の回りには意外と回るものがたくさんありました。子ども達は感覚的に「この形は回りそうだ」と分かってきました。「これも回ったよ！」と報告が増えました。

3 自作のこま作り 「手作りベイ」のはじまり

その後もこまブームは続き、今度は自分達でこまを作って遊ぶようになりました。男の子達を中心に、はやっているベイブレードからヒントを得て、折り紙と

子どもの手作りベイ

セロハンテープを使って形を作り、下に折り紙をまるめたものを付けて回していました。子ども達はそれを「ベイ」と呼んでいました。休み時間に床に座り込み、丸くなって友達同士で対決をして遊んでいる姿を毎日見ているうちに、そのこまがよく回るようにだんだんと改造されていることに気付きました。子ども達が試行錯誤して日々改良を重ねていることを知ったとき、このこまをただの遊びとして終わらせるのではなく、クラス全員で追究してみたらどうかと考え、授業で取り上げてクラス全体に広げて学習していくことにしました。

4 「こまの学習」として取り組む

すべての子がこまで遊んでいたわけではなかったので、授業で扱う際に大切にしたいことを考えて、実践することにしました。

*ものを作ることの意義は何か

低学年でものを作ることの意義について、玉田泰太郎氏は、次のように述べています。※1

> 私たちは、ものをつくるとき、つくろうとするものを頭に描き、それを実現させるために、手を巧みに働かせようと努力します。その過程で、試みた結果が記憶され、さらによりよいものにしようと工夫します。頭に描いたものをつくる過程で、手の技がみがかれ、脳や神経の働きが発達します。（中略）ものをつくることは手と頭を結合させた活動なのです。

これらのことをふまえ、目の前の子ども達にとって、こまを教材として扱うことには十分意義があるのではないかと考え、今回のこまの学習を通して、どの子にも「自分の手でこまを作る体験をさせたい」「よく回るように考えながら試行錯誤し、改良していくことの面白さを味わわせたい」と思いました。この活動こそが「手と頭を結合させた活動」になります。また、「自分のやったことを言葉を使って表現できる子ども達にしたい」という思いから、子どもの遊びを興味をもって見守るスタンスを取りながらも、普段の会話の中で「どんなふうに作ったの？」「これ（ドライバー）は、どこにつけるといいの？」「どんなふうに改造したの？」などと問いかけながら対話を広げていきました。

*「学習のめあて」を考える

『そのまま授業にいかせる生活科』の中には、こまの学習について次のようなことが書かれていました。※2

〈学習内容〉

・回転するものの中心に軸をつくるとこまになる。

・こまの中心に軸を固定すると長く静かに回る。

ここで言う「軸」を私は今まで、手で持って回す棒のことだと思っていました。しかし、子ども達がつくっている「ベイ」には持つところがありません。下のでっぱりのことを子ども達は「ドライバー」と呼んでおり、「上から刺すもの」ではなく「あとから下に付けるもの」という認識です。しかし、この「ドライバー」が回転の軸となって回っているので、これを「軸」と考えてもよいのかなと思いました。

*単元の計画を立てる〜課題作り〜

すべての子ども達に、今までの流れを順を追って体験させて、最終的にはどの子にもオリジナルのこまを作らせたいというねらいを立てました。そこで、次のような順で授業の中で取り組むことにしました。

(1) どんなドングリがよく回るのかを調べる。

(2) ドングリの他には、どんなものがよく回るのかを調べる。

(3) 一人ひとりがよく回るように考えながら、オリジナルのこまを作る。

*ワークシートをどうするか

ひとつの課題に対して1枚のワークシートを用意しました。こまを回したり作ったりし始め

じぶんのこまを つくってみよう

つくったこま　　　　　　　まわっているところ

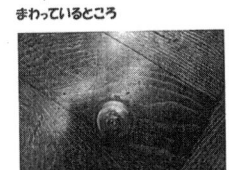

＊こんなところが すごい！

きらきらだし すごくまわるんだよ。まわるのがきれいだよ。

＊つくりかたや くふうしたところ

きらきらをはったり いろをぬってつよくなって それでドライバーをテープでいっぱいはっておもくして ドライバーをぎゅっとしほそかためたら かたらかいぞうくがすれば もっとつよくなりました。

子どものワークシート

ると、作業に夢中になってしまって、ただそれだけで終わってしまいます。そこで、必ず全員が作業をやめて考え、ワークシートに記入する時間を確保しました。こうすることで、自分のやったことを一人ひとりが振り返り、文章で表現しようとします。言葉にするのが難しい子には、私の方から質問をしてそれに答えさせる形で文章にしていきました。ワークシートには、実験をしてわかったことを書く欄や、理由を考えさせる欄、感想を書かせる欄などを用意しました。（3）のオリジナルのこまでは、一人ひとりのこまの写真（回す前と回っているときの2枚）を貼れるようにし、作り方や工夫したところを中心に書けるようにしました。

＊授業の導入

　「みんなが遊びでやっているこま作りは、実はすごくよく考えられた、ひとつの『研究』だと思うよ」と伝えました。ツバキの実から始まった今までのことをみんなで振り返りながら、学習意欲を高めました。大切なのは「みんなで考えていこう」ということ。ここから数時間は授業で扱うことを話しました。

5 実践記録

〈**課題1**〉どんなドングリがよく回るのだろう。

〈**実験**〉3種類のドングリを回してどれがよく回るのかを調べる。（よく回る＝長く回る）

・使ったドングリ

・回し方・・・左右の手の指でドングリを押さえて、力を入れて思い切り回す。

〈**結果**〉子どもが回した最高記録

①アラカシ…27秒

②クヌギ　…23秒

③マテバシイ…13秒

〈**わかったこと**〉

・丸い形のものが回りやすかった。

・とげのようなものがついているものがよく回った。（どんぐり先端のとんがり）

・平べったい方が下でも回せるけど、とげを下にした方がよく回る。

・とげを下にして回した方がよく回るけど、回すのがむずかしい。

①アラカシ

②クヌギ

③マテバシイ

　みんながドングリを持っているわけではなかったので、私の方で3種類のドングリを用意して、一人ひとりが実験できるようにしました。

　アラカシが一番長く回るようでしたが、クヌギの方が上回ることもありました。回しやすさは圧倒的にクヌギが一番でした。クヌギはほとんどの子が回せましたが、アラカシやマテバシイを縦で回せる子は、男の子を中心に数名でした。これにはかなり技が必要です。縦に回せなくても横でなら回せるので、子ども達は自分なりのやり方でいろいろと挑戦していました。

〈**つけたし**〉なぜドングリは回るのだろう。

　子ども達からは、次のような考えが出されました。

・丸い形だから。

・小さくて回しやすい。

・とんがっているから。

・下にトゲ（ドライバー）があるから。

・バランスのよい形だから。

・安定感があるから。

〈**課題2**〉いろいろなものを回してみよう。

〈**実験**〉身の回りにある（こまになりそうな）いろいろなものを回して、よく回るものとあまり回らないものを調べる。

〈結果〉

よく回ったもの

・とちのみ　・ツバキの種　・丸い玉
・くり　・ボンドのふた（角が立った）
・のりのふた（丸い方を下にする）
・セロハンテープの芯（縦で回す）
・鉛筆のキャップ　・宝石の形のビーズ

あまり回らなかったもの

・鉛筆削り　・筆箱　・鉛筆　・消しゴム
・定規　・セロハンテープの芯（横で回す）
・ボンドの本体　・のり本体
・のりのキャップ（ねじの方が下）

〈つけたし〉どんなものがよく回るのだろう。

・丸い形のもの
・丸の半分の形のもの（丸い方を下にする）
・レモンのような形のもの
・丸いところがあるもの

〈課題３〉オリジナルのこまを作ってみよう。

〈実験〉子ども達一人ひとりが、よく回るように
　　　　考えながら、オリジナルのこまを作った。

＊子ども達の作ったこま

・折り紙で折ったこま
・紙皿や紙コップを使ったこま
・ペットボトルのキャップを使ったこま
・ベイブレード型のこま
・そのほか

　こまを作ったことのない子もいたので、私の
方で折り紙で作ったこまや、正方形の紙を折っ
た紙ごまを見せたり、材料として紙コップや紙
皿・ペットボトルのキャップ・爪楊枝などを紹
介したりしました。子ども達の中には「折り紙
のこまは知ってる！」「これなら作れそう！」
などと言う子もいて、初めて作る子も意欲を
持って取り組むようになりました。

折り紙で折ったこま　　　紙皿と紙コップのこま

ペットボトルキャップのこま　　ベイブレード型のこま

〈子どもたちのワークシートより〉

（オリジナルのこま編）

こんなところがすごい！

　下にドライバー（かみ）とか、ビービーだん
とかをつけたら、めちゃくちゃまわるように
なってすごいです。

つくりかたやくふうしたところ

　まずはおりがみをぐちゃぐちゃにして、ぜん
たいにセロハンテープをはります。その下にド
ライバーやビービーだんをつけたところをくふ
うしました。ドライバーは、おりがみよりもビー
ズにしたほうがよくまわります。テープでちゃ
んとビーズをとめないと、ビーズがころがりま
す。(H・H)

こんなところがすごい！

　つまようじがただでっぱっているだけなの
に、ながくまわってすごい。

つくりかたやくふうしたところ

　まずペットボトルのキャップのまんなかにあ
なをあけて、そこにつまようじをさしたらぜん
ぜんまわらなかったから、つまようじをおって
このくらい（２センチくらい）にしてあなにさ
してまわしたら、すごくまわるようになりまし
た。下に２ミリくらいだしました。(E・T)

＊学習をしてわかったこと

　今までの学習を通してわかったことをみんなで発表し合い、まとめました。

　「丸い形のものはバランスがよいのでよく回る」「下にでっぱり（ドライバー）があるとよく回る」「ドライバーは真ん中にある方がよく回る」「ドライバーがなくても、下が少し丸くなっていれば回る」「オリジナルのこまは、平べったい方がよく回った」「軽すぎると回すときにとんでいってしまったり、すぐに止まったりするので、テープを貼ったりして重くするとよく回るようになる」「四角いものでも回すと全部丸く見える」

＊学習を終えて

　学習の最後に、全体のまとめとして一人ひとりが感想を書きました。こま作りをしてわかったことや、面白かったこと、自分が作ったこまの作り方や工夫した所などをよく思い出して書くように話しました。

［子どもたちのまとめの感想］

・こまは、いろいろなかたちがあって、ながくまわったり、あんまりまわらないものがあったりすることをしりました。また、このきかいがあったから、おとこのこたちがたのしいことや、こまがきれいないろだということや、こまのたのしさがわかりました。下にぶひんをつけるとよくまわることがわかりました。（U・Y）

・テープをいっぱいつけるとよくまわることときらきらかがやくことがわかりました。あと、あまりおもすぎるとバランスがよくとれなくなることもわかりました。1日10かいいじょうまわしたくなりました。こんなにたのしいとはおもいませんでした。（N・H）

・じぶんでつくったこまって、こんなにまわるんだとおもいました。つくるのがたのしくて、またつくりたいなとおもいました。こまってわたしでもつくれるんだとおもいました。（H・M）

・かみざらの下におりがみをまるめたのをつけて、その上におりがみをつけるとよくまわりました。つまようじをつけるたびによくまわって、よわいこまならはねかえすし、はやくまわります。かみコップのところをもつとはやくまわるし、ながくまわるし、かさねたおりがみのぽこっとなっているところをきるとすごくまわりました。（H・K）

・こまのつくりかたがよくわかりました。あんまりバランスがわるいとまわらなくなるから、バランスがよくなるようにがんばって、こんどはぜったいに10びょうくらいはまわしたいです。こまをもっとけんきゅうして、もっとまわしたいです。（I・R）

---

6 子ども達はどう変わったか

　9月の終わり頃から始まったこまの遊びを授業で扱ったのは12月でした。このこまブームは年が明けても続き、授業で扱ったことでそれまであまり作っていなかった子ども達にまでじわじわと広がり続けています。「手作りベイ」を何個も袋に入れて大切にしている子も少なくありません。こまの種類も紙とセロハンテープで作る「折り紙ベイ」から、だんだんとペットボトルのキャップを使った「キャップベイ」へと変化してきました。こちらの方がよく回ることが分かったからです。こまが進化し続けるのと同時に、子ども同士の関係も変わってきました。こまを通して、友達との関わりが増えてきた子や、友達の意見をきちんと聞けるようになってきた子など、学級作りにも役立ちました。

ペットボトルのキャップベイ

　春が近づいた今日この頃、子どもたちはツバキのつぼみを取ってきて「先生、これもすごくよく回るよ！」と言っては、回して見せてくれます。再び子ども達の目が「しぜん」に向いてきたことを嬉しく感じながら、次はどんな発見があるのだろうとワクワクしています。

［参考文献］

※1玉田泰太郎『たのしくわかる　自然をさぐる　ものをつくる　1・2年の授業』　あゆみ出版　1993年

※2江川多喜雄『そのまま授業にいかせる生活科』　合同出版　2012年

音を出してみよう

元　埼玉県公立小学校教諭

小林 浩枝

単元のねらい

１）音が出ている時に、物は震えていることが
わかる。
２）笛や糸電話などを作ることができる。

　小学校低学年で楽しく学びながら、音に関する学習や体験を入れたいと思っています。知識欲、好奇心も旺盛になってくる２年生の子どもたちは、新しい発見に胸躍らせ、笛作りに夢中になって取り組みます。

　笛を作りながら、音が出ている時に物は震えていることに気づかせて、それを発見ノートに書かせるように授業を進めます。そうすることで思考力、話す力、書く力も同時に伸ばすことができます。

　２年生が１年生を招待していっしょに遊ぶという内容がある学校もあります。そこで、笛や糸電話の作り方を１年生に教え作って遊ぶという計画にしたら、子どもたちはより一層楽しめるのではないでしょうか。

指導計画

①トライアングルをたたく
②太鼓をたたいて音を出す
③缶笛作り
④ストロー笛作り
⑤糸電話作り
⑥針金電話作り（2時間）
⑦鉄棒も音を伝える

第 1 時　トライアングルをたたく

　トライアングルを十分にたたかせてから、気がついたことがあったら発表させます。1人が発表したら、皆で確かめるというように授業を進めます。

《気がついたこと》（授業記録から）

○下から上にたたいていくと音が高くなる
○手でさわると、音が変わる
○音がなっているときにさわると、音が止まる
○机においてたたくと、へんな音になる
○たたくとよくひびく
○たたくとはじめは大きい音だけど、だんだん音が小さくなる
○音が出ているときにぶるぶるふるえていた

　震えていることや、触ると音が止まることは、全員に確かめます。終わりの15分間くらいでやったことを絵と文章でまとめます。

きょうトライアングルをしらべました。トライアングルは、音をならしてからさわるとふるえままわたしはすごいなてっおもいました。あと手でトライアングルをさわるとふるえがなくなります。トライアングルをずっとたたいてまたら音がどんどんちいさくなりました。わたしは田中さんがいったことをしたらできました。トライアングルをたたいたら大きくてたかい音がきこえてきました。すごかったです。

第**2**時　大太鼓をたたいて音を出す

音楽室にある大太鼓を見せます。大太鼓も音が出ている時は震えているのか聞いてみます。

木の枠があるから震えないという子や、皮がぶるぶるするんじゃないかという子どもの意見が出てきます。話し合いをさせてから、一人ずつ大太鼓をたたいて皮を触って震えていることを確かめます。

さらに他の楽器にも触れさせて、どれも震えていることを確かめます。のどに手を当てて声を出すと震えることにも気づかせるといいでしょう。

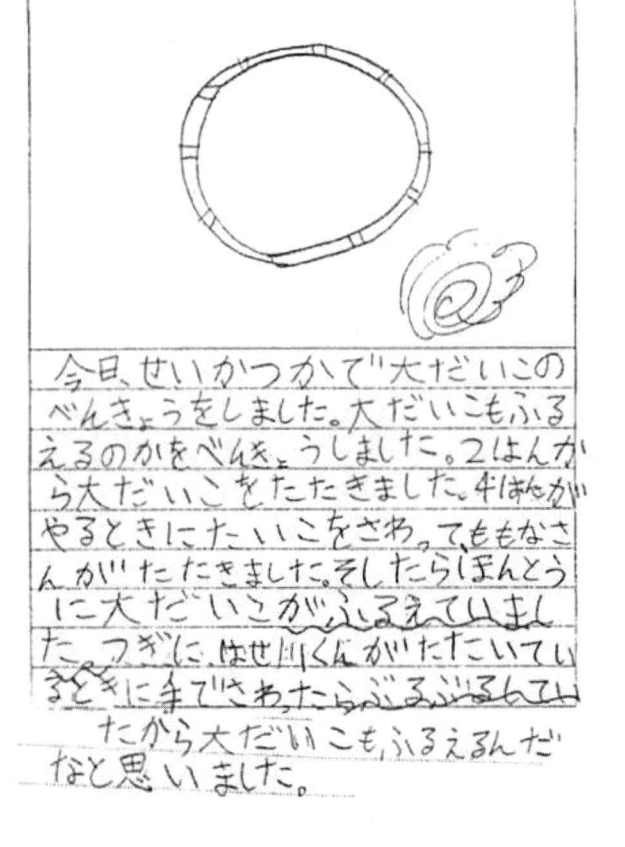

> 今日、せいかつかで大だいこのべんきょうをしました。大だいこもふえるのかをべんきょうしました。2はんから大だいこをたたきました。4はんがやるときにたいこをさわって、もなさんがたたきました。そしたらほんとうに大だいこがふるえていました。ついに、はせ川くんがたたいているときに手でさわったらぶるぶるもていたから大だいこもふるえるんだなと思いました。

第**3**時　缶笛作り

材料：ジュースの空き缶、曲がるストロー

「ストローと缶で音の出るものを今日は作るよ」と言うと、子どもたちはジュースの空きとストローを持ち、ストローで空き缶をたたき始めます。

前の時間に、たたいて音が出る楽器を扱ったので、こういう反応になったのでしょう。

「そういう音じゃなくて、フクロウみたいなホーホーって音出せないかな」

と言うと子どもたちはいろいろなことをし始めます。

空き缶の開け口のそばにストローを持っていって吹き、音を出した子どもがいると、みんな真似をし始めます。よく音の出る位置にストローをセロハンテープで留めます。ストローの口を少しつぶし気味にしてテープをはるといい音が出ます。

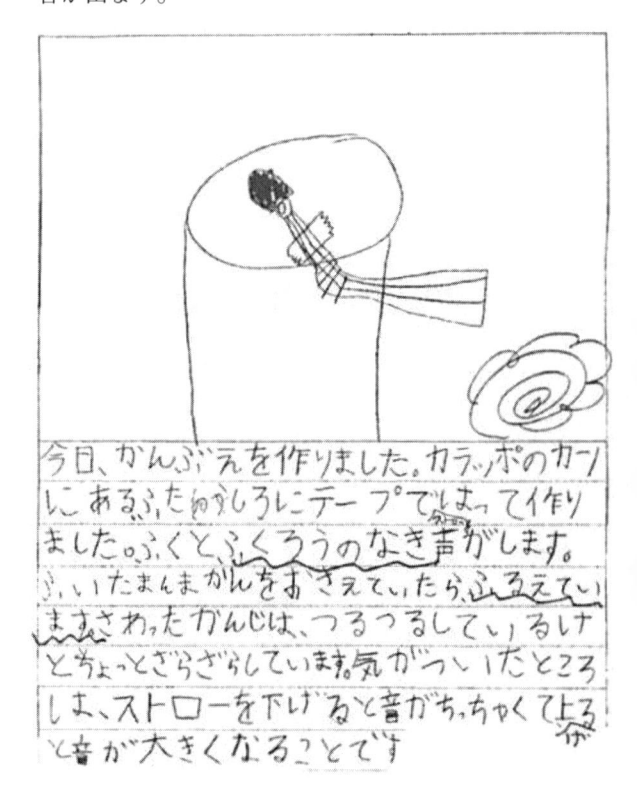

> 今日、かんぶえを作りました。カラッポのカンにあるぶたゆうしろにテープではってイ作りました。ふくとふくろうのなき声がします。ふいたまんまかんをおさえていたら、ふるえていままさわったかんじは、つるつるしているけどちょっとざらざらしています。気がついたところは、ストローを下げると音がちっちゃくて上ると音が大きくなることです

第**4**時　ストロー笛作り

材料：ストロー（太さ6mmのものが作りやすい）

「ストローだけで笛を作ってみました。先生が吹きますから聞いてください。」と言ってストロー笛を吹いてみせます。それから作り方を説明します。ストローの口を山型に切って、唇ではさみ息を吹き込みます。切られたストローの先がリードになって音が出ます。

これは、コツがいるので全部の子どもができるには30分くらいかかることもあります。

できるところで気づきを発表させると、唇が
ぶるぶるするということが、多くの子どもから
あがってきます。

　作るのは難しいですが、震えていることがよ
くわかるので、よい教材だと思います。

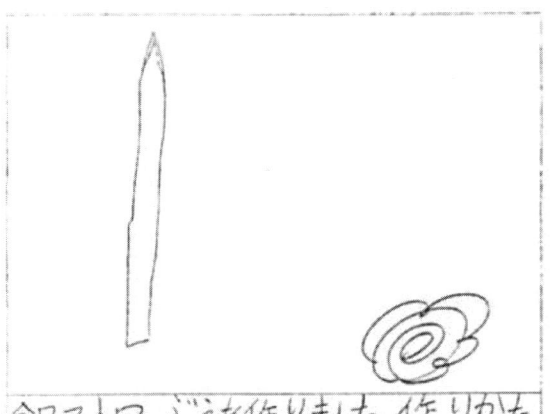

今日ストローぶえを作りました。作りかた
はストローをきって、きったストローのさきをぱ
つみたいにきりました。きったところを口びるで
かみました。はじめは、かみませんでした。さい
しょは、なりませんでした。でもあとから、な
りました。ぷーってなったので、へんな音でした。
気がついたことは、ぼくがふくと、口がふる
えることです。同じふえでも音がちがいます。
手でストローをつぶすと音がなんないってこと
をはじめてしりました。口びるか少し出なりました
ぶーっとふくと、大きい音がでて、ふーっとふくと、
小さい音がでます。小さすぎるとなりませんで
した。

第5時　糸電話作り

材料：紙コップ、タコ糸、つまようじ

　糸電話は幼稚園や保育園で作ったことがある
と言う子どもが多いので作るのは簡単です。紙
コップの底に糸をつけると出来上がりです。

　糸が外れやすいので紙コップの底に小さな穴
を開けて糸を通し、紙コップの中からつまよう
じを使って留めると糸がはずれにくくなります。

　できたら、2人、3人、4人と人数を増やし
て声が聞こえるか試させます。

　途中で

　「気がついたことはありますか」

と投げかけると、

C：糸がピーンとしていないと聞こえない。

C：あーっと言うと糸がふるえていた。

という声が聞こえます。そこで皆で触ってみて
ここでも震えていることを確かめます。

第6時　針金電話作り

材料：紙コップ、エナメル線

　「みんな、糸電話は幼稚園で作ったことがあ
るって言ったけど、これは作ったことある？糸
のかわりに針金で作った針金電話ね」

と話して針金電話を見せると、作ったことがな
いという子どもがほとんどです。

　「みんな、予想してください。聞こえるかな、
聞こえないかな」

と言うと子どもは

　「糸じゃないし針金はかたいから聞こえない」

と予想する子もいますし、聞こえると予想する
子どもももいます。針金を紙コップの底に差し込
んだら、針金を曲げてセロテープで留めるだけ
でできます。出来上がった子ども同士で遊んで
からわかったことを聞いてみると、

　「針金でも聞こえる」

と驚きます。　そして針金も震えていたことに
気がつくようになります。

（子どもの記録から）

　はりがね電話

　今日はりがね電話を作りました。　はじめに、
先生が黒ばんに、聞こえる、聞こえない、わか
らないと書きました。先生が

　「聞こえると思う人。」

と聞きました。わたしは手をあげませんでし
た。

　「聞こえないと思う人。」

と言いました。わたしは、聞こえないと思った
ので手をあげました。はりがねはかたいから聞
こえないと思いました。だけど、これまでに、
トライアングル、大だいこ、かんぶえ、ストロー
ぶえ、糸電話は聞こえたのに、はりがね電話だ

《校庭で針金電話が聞こえるか調べる》※針金は見やすく太く加工処理

け聞こえないのはおかしいなとも思いました。

作ってみました。そしたら聞こえました。なんでかたいのに聞こえるのかなと思いました。

ふしぎだなと思いました。いろいろなものがふるえるんだなと思いました。また音のべんきょうをしたいです。　　　　　　　　(S.R)

第7時　針金電話で校庭で遊ぶ

針金電話を使って話すのに教室はせまいので校庭でやってみるのも楽しいです。

第8時　鉄棒も音を伝える

はじめに、

「糸や針金電話はこちらで声を出すと、もう片方で聞こえるでしょう。鉄棒のこっちでコンコンッてやると、離れたところでも聞こえるかな。」

と問いかけると、聞こえるという子どもと、聞こえないという子どもに分かれます。話し合いをしてから校庭に出て、鉄棒に耳をつけて教師がたたいた音を聞きます。

(授業記録：子どものノートより)

今日鉄棒も音をつたえるかをやりました。ぼくは、つたえると思いました。つたえると思った人は、ぜんぶで19人でした。つたえないと思った人はぜんぶで6人でした。わからない人は1人でした。

先生が、

「つたえないと思った人は何かわけがありますか。」

と言いました。そしたら、Sさんが、

「てつぼうは金ぞくだからつたわらない。」と言いました。つぎに、先生が

「つたわると思った人は、わけがありますか。」

と、聞きました。そしたら、Oくんが

「はりがねでんわも音をつたえたから、聞こえる。」

と言いました。

それから教室のつくえやかべなど、いろいろなところでためしてみました。聞こえました。

先生が、

「校ていのいろいろなものでやってみてください。」

と言いました。てつぼうを先生がたたいて、みんなが耳をつけたらカンカンカンッてなっていました。校ていのジャングルジム、ブランコ、のぼりぼう、ほとんどのはたたくと音が聞こえてきました。

《「ここも聞こえるかな」》

授業をしてみて

　いろいろな学校の生活科の指導計画は前年度にばっちり作られてしまっていて、担任はそれにかなり縛られてしまいます。子どもの要求や、子どもの何を伸ばしたいのかといった教師の要求も、計画に流されてしまい、行事をこなすのに忙しいという現状も見られます。

　2年生の子どもたちは後半になると、高学年ほどではないけれどかなりの知識や論理的思考力を持っていて、話し合い活動も、実験（実験という言集は使わなくても）も、実験からまとめまでしっかりできるようになってきます。

　子どもの書く力も伸ばすことができます。楽しかったことは子どもは書きたいのです。すごい勢いで書いていきます。「音」は、子どもの要求に合っていて楽しめる教材だと思います。是非取り組んでみてください。

《鉄棒でも音が伝わって聞こえるかな？》

おもりで動くおもちゃを作ろう

千葉県松戸市立幸谷小学校

星名 美登里

この実践でめざしたこと

校内研修として学年で取り組んだものである。

福島第一原子力発電所の事故以来、なかなか自然と親しむ活動ができない状況のなかで、楽しくものづくりをさせたいと思い、2013年にこの実践に取り組んだ。

この実践のねらいがこの先どういった原理（ものの重心、力のモーメントなど）につながるのか考えた。工作用紙から使い始めて針金、紙コップへと材料が変わっていくが、ねらいに照らし合わせて自然な形で子どもたちが受け入れられるような流れを考えて取り組んだ。

到達目標

ものは、おもりをつけることで「すわり」がよくなったり、バランスをとってゆらゆらゆれたりする。

指導計画

1時間目……やじろべえとおもり

《ねらい》やじろべえを作ることができる。うでが短くて立たないやじろべえも、おもりをつけると立たせることができる。

2時間目……上が重たいやじろべえを作る

《ねらい》やじろべえに顔をつけ、上が重たくなって立たなくなったやじろべえに、おもりを増やすことで立たせることができる。

3時間目……針金やじろべえを作る

《ねらい》針金と粘土でやじろべえを作ることができる。

4時間目……片腕やじろべえをゆらす

《ねらい》片腕を切っても重心がとれるようにすると、やじろべえの動きができる。

5・6時間目……ゆらゆらゆれるおもちゃを作ろう

《ねらい》 紙コップと竹串を使い、おもりのつけ方を工夫してゆらゆらゆれるおもちゃを作ることができる。

7時間目……くふうしておもちゃを作ろう

《ねらい》 ゆらゆらゆれる動きを使っておもちゃを作ることができる。

授業の記録から

1 時間目

工作用紙に描かれた線を切り抜き、腕の長さの違うやじろべえNo.1からNo.9（図中の1～9）を、腕の長い順に鉛筆の上に立たせてみる。腕の長いやじろべえは楽々と立つが、腕の短いNo. 8、No.9になるとまったく立たない。

> **課題** 立たないやじろべえを立たせるにはどうしたらよいだろう。

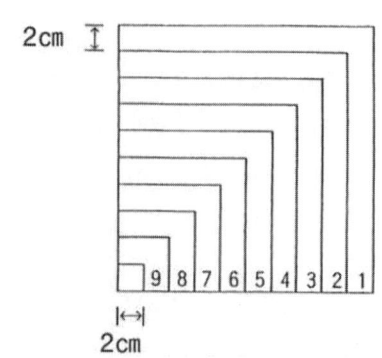

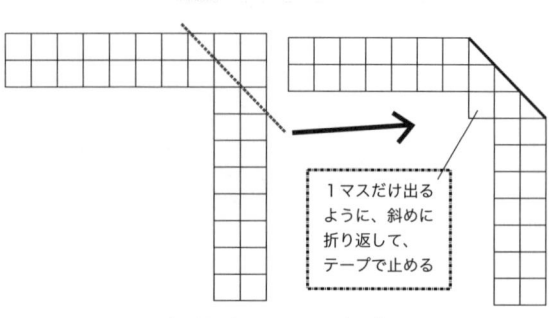

（1辺が20cmの正方形）

身の回りにあるものでなんとかしようと、セロテープを紙の端に貼りだす児童や余った紙を貼って腕を長くしようとする児童もいた。ここでクリップを配り、「腕につけてもいい」と言うと

腕の先につけていき、やじろべえが立って実に満足げである。「粘土でもできる」と言って、粘土をつける児童もいた。ここでおもりをつけるとよいという意識づけをした。(子どものノート①)

子どものノート❶

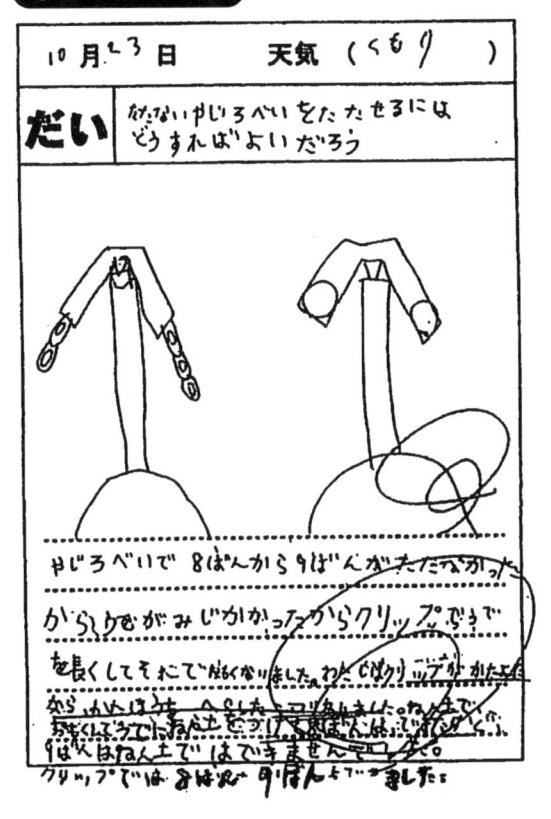

子どものノート❸

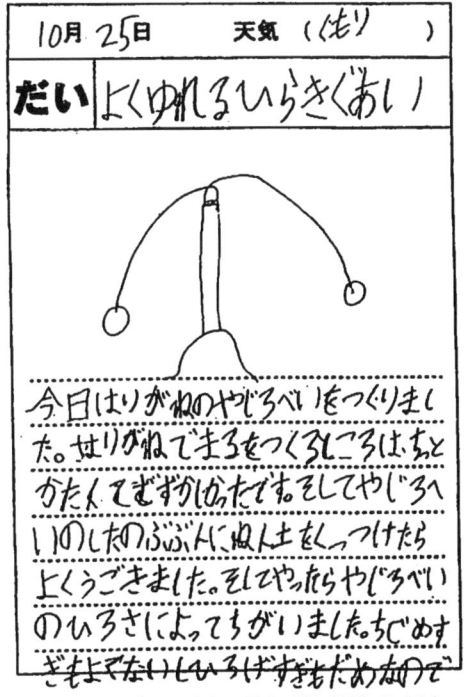

2 時間目

バランスよく立って揺れるやじろべえ No.6 に顔の絵をつける。動物の顔でも何でも良いが、紙をつけて重くなると立たなくなった。

> **課題** かたむいてしまったやじろべえを立たせるには、どうすればよいだろう。

前時の学習により、子どもたちはおもりの粘土を足せばよいと考え、腕の端のほうにほぼ同じ量の粘土をつけていった。(子どものノート②)

3 時間目

工作用紙では変えられない腕の開き具合を針金にすると変えられることを、材料を工作用紙から針金と粘土にすることで説明した。

> **課題** はりがねでやじろべえを作ってみよう。

子どものノート❷

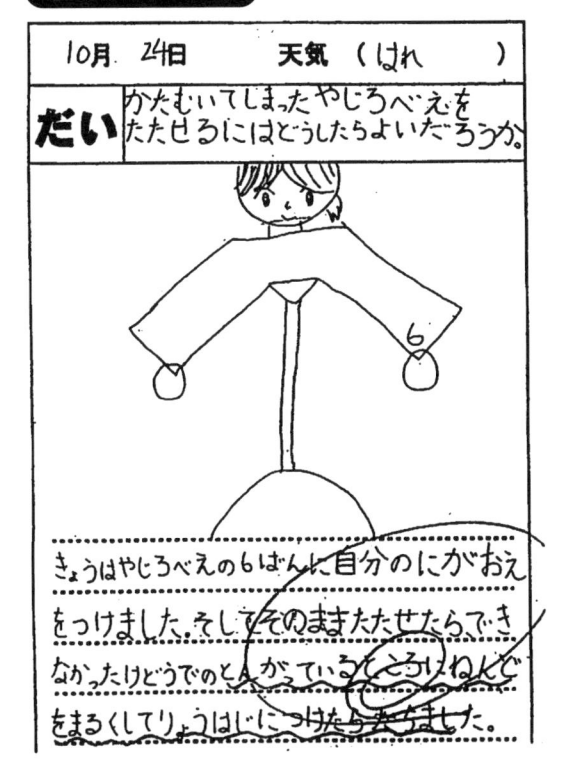

開き具合を変えながら子どもたちはよく揺れるかどうか試していた。粘土は今までの学習から両端にほぼ同量の粘土を丸めてつけていた。どのくらいの開き方がよく揺れたか、揺れなかったか、両方を黒板に整理して描かせると、よく揺れる開き具合がわかったようだ。(子どものノート③、④)

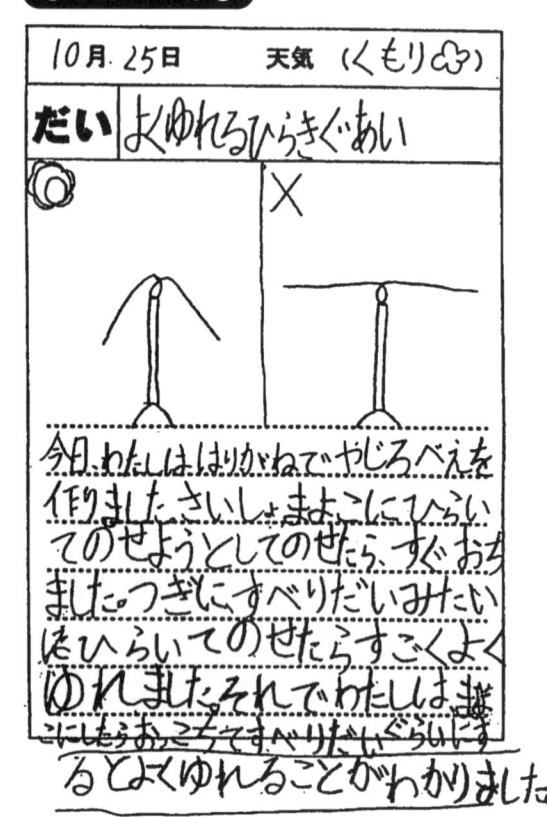

4 時間目

子どもたちはよく揺れて満足していたが、今度は針金やじろべえの片腕を切り、またバランスをとれなくしてしまう課題を出した。子どもたちは「え〜っ」と言いながらも今までの学習から「なんとかできるのではないか。やってやる」という気持ちになっていた。

課題　かたうでのやじろべえを作ってみよう。

片腕にしたやじろべえが揺れずに傾いてしまう様子を見て、子どもたちは自然に片腕を曲げてバランスをとろうとしていた。もっとゆらゆ

らさせようと曲げ具合を調節していた。曲げ具合とともに粘土の量も調節していた。(子どものノート⑤、⑥)

子どものノート❺

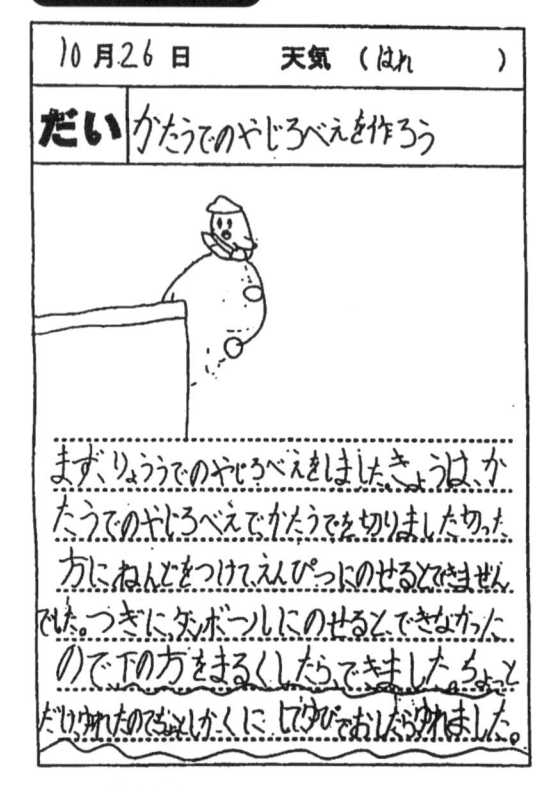

子どものノート❻

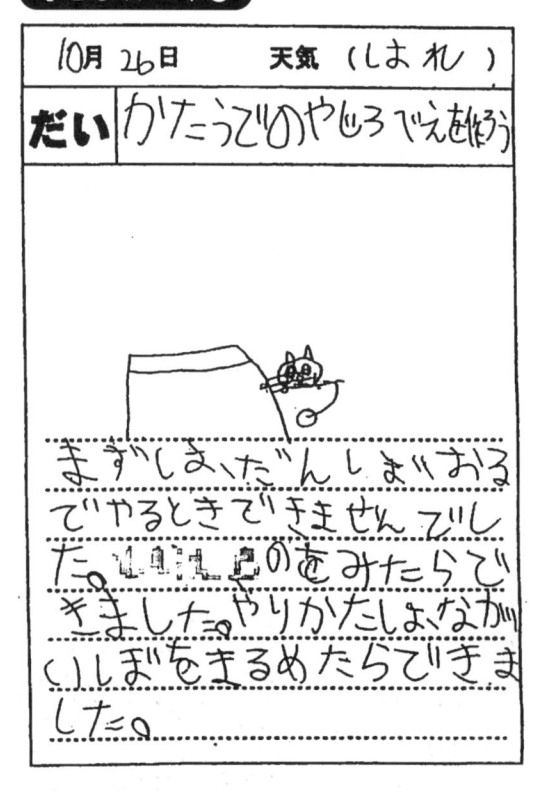

5 時間目

材料を針金から紙コップにする。竹串を刺してひっくり返ってしまう紙コップが起きるようにして、またゆらゆらさせたいがどうしたらよいか、と子どもたちに問いかけた。

> **課題** 紙コップの口が、上にむくようにするには、どうしたらよいだろう。

T：今日は何を使うと思う？

紙コップと竹串。紙コップの下に竹串を刺しちゃいました。

C：きゃ～。

C：わかった、そういう意味ね。

C：鐘みたい。カランカラン。

T：先生、紙コップの口を上に向けてもっともっとゆらゆらさせたいんだ。どうしたらいいか、考えて。

C：粘土をつけたほうがいい。

C：紙コップのなかに粘土を入れる。

C：下のほうに粘土を少しつけてみれば。

子どものノート❼

10月 29日　天気 （ はれ　　　 ）

だい　紙コップの口を上にむくようにするにはどうしたらよいだろう

紙コップでおもちゃをつくりました。

さいしょに、紙コップ一つで やりました。

そとがわに ねん土を くっつけて、たいらに

のばしたら、できました。ここでしました。

ここは りょうほうに 小さい ねん土を

つけたら おきあがってくれました。

片腕やじろべえを経験した子どもたちはためらうことなく、粘土をコップの底のほうにつけていった。底に詰めたり、平べったい丸にして何個もつけたり、やりかたはさまざまだが、竹串の支点に対して下の方につけることはほとんどの子がしていた。なにより、ゆらゆらゆらすことが楽しそうである。（子どものノート❼）

実験後の発表（5時間目）

C1：紙コップの真ん中につけたらゆれました。

C2：紙コップの下の端っこに粘土をつけたらできました。

C3：少し違って粘土は2か所でも4か所でもできました。

C4：紙コップの端につけたらできました。

C5：紙コップの底の真ん中につけたらできました。

T：みんなどこが同じ？

C：粘土を底のほうにつけている。

6 時間目

バランスがとれてゆらゆられるようになった紙コップの上に、もう1個の紙コップをつけ、バランスをとれなくしてしまう。

T：紙コップを大きくしたいと思い、もう1個上につけてみました。（傾く、倒れる。）

T：どうしたらいい？（2個の紙コップをセロテープでつける）

C：粘土を横につける。

C：粘土を紙コップのもう一方の上につける。

C：竹串のあるほうにつける。

C：刺しているほうの下につける。

紙コップの底に粘土を増やすしている子がほとんどであった。中には、まっすぐ立たず、傾いてしまう子もいたが、粘土の量を調節することにより解決できた。（子どものノート❽）

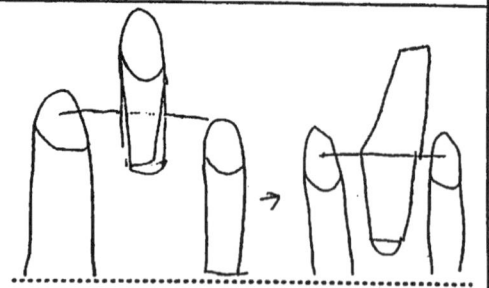

10月29日　　天気（晴れ　）

だい 紙コップの口を上にむくようにするには
どうしたらいいだろう。

今日、紙コップでおもちゃを作りました。
竹ぐしをさすのがむずかしかったです
1つの紙コップは何もつけないと、下
にむいたのでコップのそこにねん土を
つけたらたちました。つぎにコップを2
つにしました。ねん土をつけたほうにもっとつけ
ました。そうしたらできました。

7 時間目

課題	ゆらゆらゆれるおもちゃを作ろう。

　5・6時間目の学習の発展である。鳥の首が
前後に動くイメージやマラソン選手の走り方、
ペンギンの動きなど、それぞれのイメージで実
に楽しそうに作っていた。

授業を終えて

　科教協全国研究大会の分科会で検討してもら
い、こちらがしっかりとねらいをもっていない
と適切な発問、助言ができないと改めて感じた。
次の様な指摘を受けた。

● 工作用紙のやじろべえのときのおもりとの出
　会わせ方は子どもたちの現状からみて、必然
　性に基づいたものだったかどうか。
● 針金のやじろべえでは、開き具合が重要なの
　ではなくて、ものの重心の位置の問題。しっ
　かり立つ、揺れるだけではなく、長く揺れる
　ことを問題にしたらどうか。
● おもちゃを机のような開放的な場所に置けば、
　（風を受けても）ゆらゆらゆれたり、ダイナ
　ミックに回転したりするのではないかとの指
　摘を受け、早速やってみた。その通り、何回
　転もするおもちゃに子どもたちは、大きな動
　きに驚くとともに大変喜んでいた。

　これらの点を取り入れていくと、さらに発展
性のある実践になっていったと思う。
　工作用紙、針金、紙コップと材料や形が変わっ
ていくのを子どもたちが自然な思考の流れの中
でうけとめていけることを一番に考えていた。
それは、「中心となる支点を見つけ、おもりな
どを使い重心がとれれば揺らすことができる」
ということで学びをつらぬけることがわかった。

「ゆらゆらゆれるおもちゃ」子どもたちの作品

参考資料:ゆらゆらゆれるおもちゃの作品いろいろ

糸結びは、竹フォークで代用も！

小学校低学年で何かを作る場合、「糸結び」があると多くの子が糸通しや糸結びでつまずくことでしょう。

糸通しは大きめの穴で対応するとして、難関は糸結びです。

糸をクルクル巻いて引っ張れば止まる。作りが簡単で安価な補助具は無いか……量販店を歩いていた時、フッと目に留まったのが、「竹フォーク」だった。ムムッ、使える！

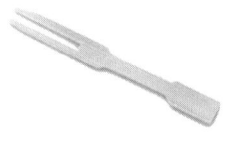

百均店にもあった　→
「竹フォーク」50本入
（フォーク型爪楊枝や、
フルーツフォーク等
の別称もある）

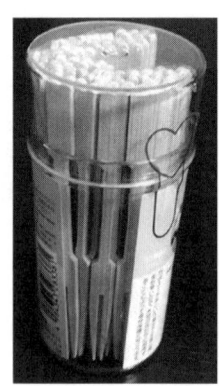

◎竹フォークの効果的な使用場面

低学年で糸電話を作って音遊びをする場合や、3年に復活した音の学習でも、たぶん糸電話づくりが試される。子どもたちがつまずくのは、紙コップから糸が抜けないように、糸で爪楊枝を結ぶ時だ。代用に竹フォークを使ってみた。

糸結びも子ども自身で仕上げられ、糸を結ぶ時の補助具や代用品に有効だった。

※糸電話用紙コップ内側のイメージ
　（紙コップの底と穴を通る糸）

◎糸を巻き付けてフォークにはさむだけ！

図のように、紙コップの底に少し大きめの穴をあけて糸を通す。竹フォークのすき間に糸を通して2～3回グルグル巻いたら、もう一度フォークのすき間に糸をはさんで引っ張るだけ。糸の摩擦で簡単には抜けない。竹フォークが長すぎたら、不要部分は指でも簡単に折れる。

◎慣れたら、糸結び練習の補助具にも

糸を巻き付けても竹フォークは平らなので、机に置けば安定している。糸を結びたい時は、後でもゆっくりしっかり結ぶことができる。

↓
※時間的な余裕ができたら
　竹フォークに巻き付けたままで
　糸をしばる練習もしやすい。

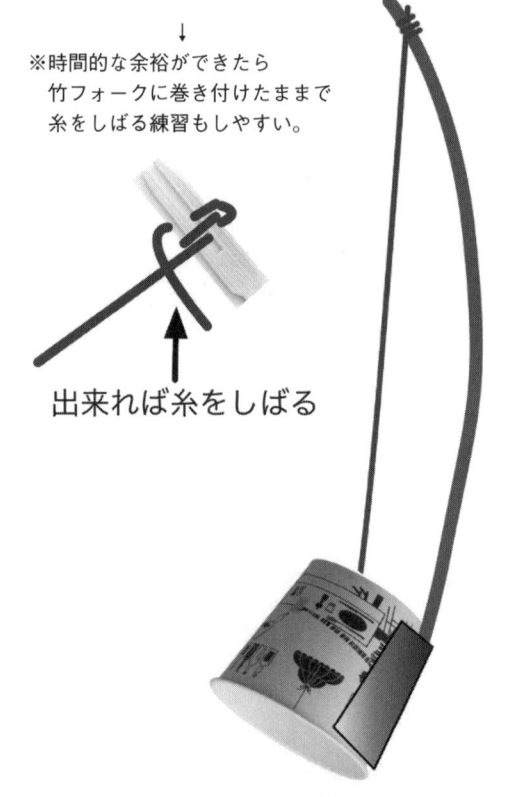

出来れば糸をしばる

※糸結びの応用で　↑
　紙コップのギター作りも

〈佐久間 徹〉

◆おわりに◆

　これまでの小学校の理科授業から生み出された大事な工夫の数々を、授業づくりに役立ててほしいと考え、小学校低学年に関する授業記録を集めてみました。

　近年の月刊『理科教室』の記事を元に、よりわかりやすく加筆改訂をしながら、構成を整理しました。参考になる部分からで結構ですので、どうぞ子どもたちと夢中になって、生き物やモノの性質を感じながら授業の工夫やヒントとして、どうぞご活用ください。

　困ったことがあったら、遠慮無く下記メルアドにご連絡をどうぞ！

　進め方や教材など、ご相談にはできる限り応じさせていただきます。

　また、私たちが参加している民間の理科教育研究団体・科学教育研究協議会（科教協）のホームページのトップ画面一番下にあるカレンダーには、全国のサークルの例会情報が載っています。参加できそうなサークル（研究会）があるか、ぜひのぞいてみてください。初歩的なことでも、ご相談にのれるように頑張ります。私たち筆者も、理科の先輩にたくさん教わりましたから！

　科教協HP：https://kakyokyo.org/

　　　　　　　　※　『理科教室』（本の泉社）は、科学教育研究協議会（科教協）の
　　　　　　　　　　委員会が責任編集する月刊誌です。

◎授業づくりシリーズ『これが大切　小学校理科〇年』編集担当
　　　小佐野正樹：6年の巻
　　　玉井　裕和：5年の巻
　　　高橋　　洋：4年の巻
　　　堀　　雅敏：3年の巻
　　　佐久間　徹：1＆2年の巻（生活科）《本巻》

◎連絡先（困りごとやご相談など）
　　授業の進め方、教材など困ったことがあれば、初歩的な質問でも、
　　お気軽にどうぞ。
　　【郵便・電話の場合】　下記「本の泉社」宛に伝言やFAX で。
　　【メールの場合】taiseturika@honnoizumi.co.jp
　　【科教協ホームページ】https://kakyokyo.org
　　このホームページには、研究会や全国のサークル情報を掲載しています。

◎出版　本の泉社
　　〒113-0033　東京都文京区本郷2-25-6-1
　　mail@honnoizumi.co.jp
　　電話03-5800-8494　FAX03-5800-5353

授業づくりシリーズ
これが大切　小学校理科1&2年（生活科）

2018年12月13日　　初版　第1刷発行©

編　集　佐久間 徹

発行者　新舩 海三郎

発行所　株式会社 本の泉社
〒113-0033 東京都文京区本郷2-25-6
　　TEL. 03-5800-8494　FAX. 03-5800-5353
　　http://www.honnoizumi.co.jp

印刷　日本ハイコム株式会社

製本　株式会社 村上製本所

表紙イラスト　辻 ノリコ

DTP　河岡 隆（株式会社 西崎印刷）

©Toru SAKUMA
2018 Printed in Japan

ISBN978-4-7807-1676-4　C0040